KB154092

정전이 되면
자이로드롭은 땅에 떨어질까?

나무를 심는 사람들

정전이 되면 자이로드롭은 땅에 떨어질까?

물리

지은이 **김영태**
아주대학교 물리학과 교수
그린이 **이경석**

프롤로그

물리학은 사물(物)의 이치(理)를 따지는 과학의 한 분야입니다. 너무 어렵게 느껴진다고요? 예를 들어 설명해 볼게요. 여행을 하다가 운이 좋으면 하늘에 떠 있는 선명한 무지개를 볼 수 있습니다. 빨주노초파남보의 아름다운 무지개에 감탄하다가 왜 무지개가 생기는지 궁금해한 적이 있었죠? 무지개가 왜 생기는지 설명해 주는 것이 바로 물리학입니다. 우리보다 앞서 산 물리학자들이 무지개가 뜨는 이치를 밝혀 주었기 때문이지요. 무지개에 관한 물리학을 배워 두면 왜 무지개가 비 온 후에 잘 나타나고, 또 프리즘을 통과한 빛에서 왜 무지개무늬가 나타나는지 이해할 수 있습니다. 물리학은 무지개뿐만 아니라 번개, 야구의 커브 볼, 지구의 공전 같은, 자연에서 관찰할 수 있는 수많은 흥미로운 현상을 잘 설명해 줍니다.

물리학은 자연 현상을 설명할 뿐 아니라 자연을 이용하는 방법을 알려 주기 때문에 더욱 중요합니다. 사용하기 불편한 해시계와 모래시계를 대신해 등장한 근대의 추시계는 천장에서 흔들리는 등불의 운동을 연구한 물리학자들이 발명했고, 현대 문명의 기반이라 할 수 있는 전기를 발명한 것도 물리학자들이었습니다. 현대 물리학자들도 원자력이나 태양광 등으로 계속 발전시키고 있습니다. 물리학은 앞으로도 스스로 먼지를 제거해 늘 깨끗한 유리창, 우주여행에 필요한 광속 우주선, 사람처럼 생각하고 행동하는 로봇을 개발하는 데 활용될 것입니다. 심지어는 과거로 돌아갈 수 있는 타임머신을 구상하고 있는 물리학자도 있습니다.

지금으로부터 400여 년 전에 활동했던 이탈리아의 갈릴레이로부터 시작된 물리학은 1700년대가 되면서 엄청난 발전을 하게 됩니다. 영국은 뉴턴, 맥스웰, 패러데이 같은 천재 물리학자들을 키우고 이들의 물리학을 잘 활용하여 산업 혁명에 성공하면서 세계 최강의 나라가 되었지요. 영국의 뒤를 이어 서양의 다른 나라들도 과학을 발전시켜 동양 사회를 압도하게 됩니다. 물리학이 문명과 사회의 발전에 얼마나 큰 영향을 끼쳐 왔는지 알 수 있지요. 다행히 우리나라는 한국 전쟁 이후 과학과 기술을 키워 세계가 놀라는 눈부신 경제 발전을 이룩할 수 있었습니다. 그러나 여러분이 과학의 중심인 물리학 공부를 어려워하고 피한다면 다시 힘없는 작은 나라가 될 수도 있습니다.

물리학은 자연 현상의 공통점을 기준으로 해서 크게 몇 가지 분야로 나눠집니다. 우선 자동차나 축구공이 움직이는 것, 즉 물체의 운동을 다루는 역학이 있습니다. 또 빛과 전파의 성질을 다루는 광학, 전기와 자기 현상을 다루는 전자기학, 에어컨이나 자동차 엔진과 관련된 열역학이 있습니다. 1900년대에 들어와 아인슈타인의 상대성 이론과 원자, 분자의 성질을 다루는 양자 역학, 핵물리학, 나노 과학 등이 물리학 분야에 추가되었습니다. 물리학의 분야는 다루지 않는 대상이 없을 정도로 넓습니다. 지금은 화학이나 생명 과학, 지구 과학 등이 물리학과 별개로 분리되어 있으나 이전에는 모두 하나의 과학으로 통합되어 있었기 때문이지요.

이 책에는 청소년들이 궁금해할 물리학과 관련된 40개의 질문이 나옵니다. 신문이나 인터넷에서 본 적이 있는 질문부터 처음 접하는 질문까지 다양한 질문이 등장합니다. 많이 들어 본 질문이라면 설명을 보기 전에 먼저 질문의 답을 생각해 보기 바랍니다. 알고 있었던 것보다 더 새로운 내용을 발견하게 될 것입니다. 처음 듣는 질문이라면 물리학 상식을 넓힐 수 있는 좋은 기회라 여기고 도전해 보기 바랍니다. '에이, 물리학이 얼마나 어려운데…' 라고 생각할지 모릅니다. 물론 어려운 물리학도 있지만 이 책이 그런 수준은 아니니까 걱정하지는 마세요.

우리 사회가 발전할수록 물리학은 더욱 중요해지고 그럴수록 물리학을 잘 알고 있는 시민들이 많아져야 합니다. 이제 미래의 우리나라를 책임질 자랑스러운 시민이 되겠다고 다짐하며 출발해 볼까요?

차례

2장

놀랍고도 신기한 유체와 열

3장

전기와 자기는 짝꿍이야

4장
빛은 파동일까, 입자일까?

5장
흔들림은 진동, 퍼져 나가는 건 파동

6장
일과 에너지는 무슨 관계일까?

7장
현대 물리학이 궁금해

1장

물체의 운동에는 규칙이 있어

1

눈에 안 보이는 데 중요한 것이 있다고?

벨기에 작가 마테를링크가 쓴 『파랑새』를 읽어 본 적 있나요? 불행한 환경에 놓인 틸틸과 미틸 남매는 행복을 가져다준다고 알려진 파랑새를 찾아 추억의 나라, 꿈의 나라, 미래의 나라 등 여러 곳을 여행합니다. 하지만 파랑새를 찾지 못하고 실망한 채 고향으로 돌아와 보니 새장 안에 파랑새가 있었지요. 하지만 끝내 파랑새는 날아가 버립니다.

틸틸과 미틸 남매는 긴 여행 끝에 결국 행복은 마음속에 있음을 깨닫게 됩니다. 이처럼 살다 보면 눈에 보이는 것보다 눈에 보이지 않는 것이 더 중요하다는 것을 알게 됩니다. 부모님이 주신 선물보다 힘들 때 내 편이 되어 주는 부모님의 사랑에 더 감동하는 것처럼, 물리학에서도 눈에 보이는 물체의 모양보다는 물체에 존재하거나 물체에 작용하는 눈에 보이지 않는 것들이 물체의 성질을 결정하는 데 중요한 역할을 담당합니다. 물체의 운동을 결정하는 힘, 자연의 전기적인 성질과 자기적인 성질을 결정하는 전하, 무선 통신을 가능하게 하는 전파 등이 그런 것들입니다.

사람과 사람 사이에 눈에 보이지 않는 사랑과 믿음 같은 것들이 작용하여 삶을 풍요롭고 행복하게 해 주듯이, 물리학에 등장하는 눈에 보이지 않는 것들 역시 물체나 물질 사이에 작용하여 자연을 다양하고 흥미롭게 만듭니다. 따라서 물리학을 잘 이해하기 위해서는 이런 눈에 보이지 않는 것들이 무엇인지, 이들이 물체에 어떤 역할을 하는지 알아야 합니다. 삶에서 중요한 역할을 하는 사랑을 제대로 알기 위해서 사랑받고 사랑하는 법을 익혀야 하듯이, 물리학을 좋아하려면 힘이나 전하 등에 대해 신경 써서 공부해야 합니다. 저절로 물리학을 알게 된다면 더할 수 없이 좋겠지만 불행하게도 이 세상에는 노력 없이 저절로 얻어지는 것은 없습니다.

» 남보다 더 «
오래 연구했을 뿐!

물리학은 눈에 보이지 않는 것들을 중요하게 다루어 이로부터 법칙이나 공식을 유도하고, 답을 얻기 위해 제법 복잡한 수학 계산을 합니다. 그래서 머리가 좋아야 물리학을 잘할 수 있다는 말을 흔히 듣게 됩니다. "난 머리가 나빠서 물리학은 포기할 거야"라고 말하는 친구들에게 아인슈타인의 말을 들려주고 싶네요. 지금까지 태어난 사람들 가운데 가장 뛰어난 머리를 가진 인물이라고 평가받는 아인슈타인은 우리에게 힘이 되는 명언을 많이 남겼습니다. "나는 (남보다) 똑똑한 것이 아니라 단지 문제를 더 오래 연구했을 뿐이다"라는 말은 노력이 얼마나 중요한지 우리에게 일깨워 줍니다. 또 "(과학에서) 가장 중요한 것은 질문을 멈추지 않는 것이다. 호기심은 그 자체만으로도 존재 이유를 갖는다"라는 말은 항상 새로운 것을 재미있게 공부하라는 충고입니다.

　물리학 역시 자연에 대한 호기심 없이는 재미를 느낄 수 없습니다. 자연에 대한 호기심을 물리 지식을 통해 채워 나가는 것처럼 재미있는 일은 없습니다. 머리가 좋아 물리학을 잘하는 친구를 따라잡으려면 다른 과목에 비해 시간이 더 걸릴 수는 있겠지요. 하지만 '첫술에 배부르랴'라는 속담이 있듯 처음에는 어렵더라도 사물에 대한 호기심과 끈기를 갖고 노력한다면 얼마 지나지 않아 누구나 물리학을 즐길 수 있으리라 장담합니다.

》힘은 눈에 보이지 않지만《 물체를 움직이게 한다

물체 운동을 시작으로 이제부터 미지의 물리학 세계로 여행을 떠나 보기로 합시다. 물체의 운동과 관련해 아주 중요한, 눈에 보이지 않는 양이 '힘'입니다. 물체에 힘이 작용하면 물체의 운동이 변합니다. 물체의 속력이 빨라지는 것같이 운동 변화의 일부는 눈으

로 볼 수 있기 때문에 어렵지 않게 남에게 설명해 줄 수 있습니다. 하지만 그밖의 다른 변화는 미묘하고 눈에 보이지 않아 이를 물리학적으로 설명하기가 쉽지 않습니다. 이것이 물리학을 어렵고 재미없게 만드는 이유입니다. 예를 들어 볼까요?

사랑하는 누군가를 만나면 갑자기 자신이 변하는 것을 느낍니다. 심장 박동이 빨라지고 얼굴이 빨개지며 세상이 아름답게 보입니다. 쉽게 알아챌 수 있는 신체적 변화 외에도 미묘한 변화가 일어납니다. 왜 그럴까요? 과학적으로 분석해 보면 놀랍게도 몸속에 특정 호르몬의 분비가 늘어나 사랑의 감정이 생긴다는 것을 알 수 있습니다. 물리학도 이와 비슷합니다. 객관적으로 분석해 보면 힘이 운동의 변화를 일으키는 것을 이해하게 됩니다. 처음부터 사랑과 호르몬을 연관 짓기 어렵듯이 운동과 힘을 연관 짓기도 쉽지는 않습니다. 물리학 여행을 통해 새로운 것들을 배우면 처음에 이해가 안 되던 것들이 이해가 되고 재미있어집니다.

2

갈릴레이는 피사의 사탑에서 실험하지 않았다고?

E=mc²

이탈리아에 있는 피사의 사탑을 본 적이 있나요? 기울어진 탑을 사람들이 손바닥으로 받치고 있는 재미난 사진들 때문에 유명하기도 하지만 갈릴레이가 물체 운동에 대한 중요한 실험을 한 장소로도 알려진 유명한 곳입니다. 그런데 사실은 갈릴레이가 피사의 사탑에서 실험을 하지 않았다는 이야기가 있습니다. 무엇이 사실이고, 왜 이 실험이 물리학 역사에서 중요한 위치를 차지할까요?

물리학은 종종 컴퓨터 게임과 비교되기도 합니다. 게임을 학원에 가서 배우는 사람은 별로 없지요. 다른 사람이 게임을 하는 것을 지켜보다 보면 게임의 규칙을 스스로 깨닫게 됩니다. 이 규칙이 맞는지는 실제로 게임을 해 보면 됩니다. 물리학에서 게임은 자연이고, 게임을 하는 것은 실험을 하는 것입니다. 게임의 규칙을 깨닫는 것은 물리학의 원리 또는 법칙을 발견하는 것입니다. 그러므로 물리학에서 원리나 법칙을 발견하려면 실험이 필수적이지요. 1564년 이탈리아에서 태어난 갈릴레이는 실험을 통해 원리 또는 법칙을 발견하는 것이 물리학 연구에 효과적이라는 것을 처음으로 우리에게 알려 준 사람입니다.

갈릴레이가 처음으로 이름을 알리게 된 것은 망원경 때문입니다. 갈릴레이가 최초로 망원경을 발명한 것은 아닙니다. 망원경은 그 이전에 발명되었지만 성능이 별로였습니다. 문구점에서 파는 망원경 수준이라고 생각하면 됩니다. 갈릴레이는 이런 망원경을 천문대 망원경 수준으로 개량하고, 이 망원경으로 달과 화성, 목성 등을 다른 사람에게 보여 주어 사람들을 놀라게 했습니다. 매끈한 줄 알았던 달 표면은 분화구 천지였고, 목성은 여러 개의 위성을 가지고 있었습니다. 지구가 우주의 중심이고, 당연히 지구만 위성인 달을 가지고 있다고 믿었던 당시 사람들에게 이 사실은 큰 충격이었습니다.

》무거운 공과 가벼운 공을《 동시에 떨어뜨리면?

망원경으로 유명해진 후 갈릴레이는 물체의 운동에 관심을 가지기 시작했습니다. 물체가 떨어지는 이유는 무엇이고, 떨어지는 물체들이 갖는 공통점이 무엇인지 실험을 통해 알아보기로 했습니다. 당시 학교에서는 무거운 물체가 가벼운 물체보다 더 빨리 떨어진다고 가르쳤습니다. 하지만 갈릴레이는 오랜 생각 끝에 무게가 다른 물체도 동시에 떨어진다는 결론에 이릅니다. 이것을 확인하려고 피사의 사탑에서 실험을 한다고 사람들에게 알렸습니다. 피사의 사탑은 상당히 기울어져 있는 데다 주위에 공터가 있어 사람들에게 실험 과정을 보여 주기 좋았기 때문입니다.

거기 모인 사람들은 당연히 무거운 공이 먼저 떨어질 것으로 예상했습니다. 갈릴레이는 무게가 10배 차이 나는 공 두 개를 가지고 탑에 올라가 공을 동시에 떨어뜨렸습니다. 쿵 소리와 함께 두 공이 동시에 땅에 떨어져 사람들을 놀라게 했습니다. 이것이 잘 알려진 갈릴레이의 피사의 사탑 실험입니다. 사실 이 실험은 갈릴레이의 제자가 스승의 업적을 자랑하기 위해 다른 사람이 한 실험을 갈릴레이가 한 것으로 갈릴레이 전기에 적어 생긴 착오였습니다.

피사의 사탑에서 실험을 하지는 않았지만 갈릴레이는 물체가 떨어지는 현상을 연구하기 위해 경사면 실험을 했습니다. 사탑에서 실험을 했더라도 공이 너무 빨리 떨어지기 때문에 두 공이 정확히 동시에 땅에 떨어졌는지 확인하기가 쉽지 않았을 거예요. 50미터 높이에서 공을 떨어뜨리면 공이 땅에 떨어질 때까지 대략 3초 정도 걸립니다. 너무 짧은 시간이라 두 공이 동시에 떨어지는지 눈으로 확인하기 어렵습니다.

» 경사면에서 « 두 공을 굴려 보면?

갈릴레이는 공이 떨어지는 시간을 늘리기 위해 공을 긴 홈이 파인 경사면에서 굴렸습니다. 경사면을 수평에 가깝게 눕힐수록 공이 느리게 굴러 지면에 도달하기까지 시간이 오래 걸리겠지요? 갈릴레이는 무게가 다른 공을 같은 높이의 경사면에서 굴리고 지면에 닿는 시간을 측정했습니다. 그 결과 무게와 관계없이 모든 공이 같은 시간에 지면에 닿는다는 사실을 확인했습니다. 경사면을 수직으로 세우고 공을 굴리면 피사의 사탑에서 공을 떨어뜨리는 것과 같게 됩니다. 따라서 경사면 실험은 피사의 사탑 실험보다 더 나은 실험 방법이라고 볼 수 있습니다.

갈릴레이의 실험은 이후 물리학 발전에 크게 기여한 역사적 실험이 되었습니다. **물체의 낙하 운동**★이 물체의 무게와 관계가 없다는 사실을 명확히 보여 줌으로써 물체 운동이 가진 중요한 특성을 발견했기 때문입니다. 하지만 여전히 왜 물체가 지면에 떨어지는지에 대한 의문은 남습니다. 이 질문은 갈릴레이가 죽은 후 영국의 뉴턴이 중력이라는 힘을 발견하면서 해결됩니다.

★ **물체의 낙하 운동** 갈릴레이는 같은 높이에서 떨어지는 물체는 물체 무게에 관계없이 동시에 지면에 떨어진다는 사실을 실험을 통해 즉 과학적인 방법으로 검증했다.

3

10이 300보다 크다고?

10과 300 가운데 어느 것이 클까요? 너무 유치한 질문이지요? 유치원 학생도 당연히 300이 크다고 대답합니다. 수학에서는 10, 300과 같이 수의 크기가 중요합니다. 즉 300은 언제나 10보다 큽니다. 하지만 물리학에서는 10이 300보다 클 수 있습니다. 예를 들어 10킬로그램(kg)은 300그램(g)보다 무겁습니다. 이처럼 물리학에서는 크기 이외에 단위도 대단히 중요합니다.

많은 사람이 물리학과 수학이 비슷하다고 오해합니다. 물리학과 수학이 밀접한 관계를 가지고 있긴 하지만 수학과 물리학은 다릅니다. 물리학은 수학과 달리 실험이 대단히 중요합니다. 사물을 관측하고 측정하는 것이 실험입니다.

측정은 인류가 오래전부터 해 오던 일입니다. 고대 이집트에서는 나일강이 범람하여 토지의 경계가 사라지는 일이 많았습니다. 토지로 인한 분쟁을 막기 위해 기하학과 측량술이 발달했고 자연스레 토지 면적을 측정하는 단위를 통일하는 것이 필요해졌습니다. 조선 시대에도 상인들이 옷감의 길이를 속이는 일이 많아 나라에서 표준 자를 만들어 단속했다고 합니다. 이처럼 측정을 위해서는 단위의 기준을 세우는 것이 필요합니다.

» 미터, 킬로그램, 암페어 등을 « 기본 단위라고 해

물리학에 등장하는 단위는 무수히 많지만 잘 들여다보면 몇 개의 단위가 반복해서 등장합니다. 이런 단위들을 '기본 단위'라고 부릅니다. 대표적인 기본 단위로는 길이의 단위인 미터(m), 시간의 단위인 초(s), 질량의 단위인 킬로그램(kg), 전류의 단위인 암페어(A), 온도의 단위인 켈빈(K) 등이 있습니다. 기본 단위를 정확히 하는 것은 물리학 실험에서 대단히 중요하기 때문에 1875년 전 세계 과학자들이 모여 프랑스에 국제 도량형국을 세우기로 결정했습니다. 국제 도량형국에서 지금도 기본 단위를 관리하고 있으며

이 때문에 이 기본 단위들을 국제단위계, 또는 SI 단위계라고 부르고 세계적으로 공통으로 사용하고 있습니다.

기본 단위의 한 가지 예로 길이 표준에 대해 알아보겠습니다. 길이 표준의 역사는 아주 흥미롭습니다. 오랫동안 길이의 단위는 각 나라마다 달랐습니다. 한 뼘의 길이, 엄지손가락의 길이, 영국 왕의 코에서 가운뎃손가락 끝까지의 길이 등이 표준이 되었고 자, 피트, 야드, 마일 등 여러 단위가 쓰여 혼란스러웠습니다. 그러다가 1791년 프랑스 파리를 통과하는 자오선 둘레의 4000만분의 1로 길이의 표준인 1미터(m)를 정했습니다.

1870년에는 백금-이리듐 합금으로 된 '1m' 길이의 국제 미터원기를 만들어 길이의 표준으로 정하고 각국에 보급했습니다. 국제 미터원기의 길이가 온도에 따라 미세하게 변화하는 단점이

있어 1960년에는 길이 표준을 '진공 상태에서 크립톤 원자의 주황색 스펙트럼선 파장의 165만 763.73배'로 바꾸었다가 1983년에는 다시 '빛이 진공에서 2억 9979만 2458분의 1초 동안 진행한 거리'로 정의하여 지금까지 사용해 오고 있습니다. 길이의 표준을 바꿀 때마다 길이 1미터의 정확성이 높아졌습니다.

» 기본 단위보다 « 크거나 작은 값을 나타낼 때는?

1원 동전만 있으면 큰 금액을 지불하기 어려운 것처럼 기본 단위만 있다면 불편할 때가 많을 것입니다. 이럴 때 기본 단위 앞에 접두사를 붙이면 됩니다. 미터 앞에 킬로(k)를 붙인 킬로미터(km)는 1미터(m)의 1,000배가 됩니다. 기본 단위의 100만 배를 의미하는 메가(M), 10억 배를 의미하는 기가(G)도 많이 사용됩니다. 1기가바이트(GB) 용량의 동영상 파일은 1메가바이트(MB) 용량의 음악 파일보다 메모리를 1,000배 더 차지합니다.

기본 단위보다 작은 값을 의미하는 접두사도 있습니다. 센티(c)는 100분의 1을 의미합니다. 즉 1센티미터(cm)는 100분의 1미터(m)입니다. 또 밀리(m)는 1,000분의 1을 의미합니다. 예를 들면 1mm=1/1000m입니다. 이처럼 접두사를 기본 단위 앞에 붙여 사용하면 크거나 작은 값을 적을 때 매우 편리합니다.

기본 단위가 결정되면 이로부터 새로운 단위들을 만들어 낼 수 있습니다. 길이의 기본 단위를 제곱한 제곱미터(m^2)는 잘 알다

시피 면적의 기본 단위로 사용할 수 있습니다. 앞으로 배우겠지만 길이의 기본 단위를 시간의 기본 단위로 나눈 m/s는 속력이나 속도의 단위가 됩니다. 물리학에서 단위는 대단히 중요합니다. 단위가 무엇인지 아는 것만으로도 물리학을 이해하는 데 큰 도움이 되니 앞으로 나올 새로운 단위들을 잘 기억하기 바랍니다.

4

얼마나 빨리 달려야 약속 시간에 늦지 않을까?

E=mc²

오늘은 여자 친구 생일이에요. 집에서 20킬로미터(Km) 떨어져 있는 약속 장소까지 자전거를 타고 갑니다. 옷차림에 신경 쓰고 선물도 고르다 보니 약속 시간까지 1시간밖에 남지 않았습니다. 한 손에 선물을 들고 있어 처음 절반은 시속 10킬로미터(Km)로 천천히 달렸는데 늦을 것 같아 나머지 거리를 온 힘을 다해 달리려고 합니다. 이제부터 얼마나 빨리 달려야 제시간에 도착할 수 있을까요?

이 질문은 일상생활에서 자주 사용하는 **속도**★(또는 속력)에 관한 것입니다. 속도는 이동한 거리를 시간으로 나눈 값입니다.

$$속도 = \frac{위치\ 변화(이동한\ 거리)}{이동한\ 시간}$$

따라서 속도의 단위는 m/s(초속 몇 미터)와 km/h(시속 몇 킬로미터)가 됩니다. 사람이 걷는 속도는 보통 시속 4km입니다. 다시 말해 사람은 걸어서 1시간 동안 4km를 이동할 수 있습니다. 자전거의 속도는 시속 20km 정도입니다. 이 질문에서 20km를 1시간에 달리려면 자전거 속도가 20km/1시간 = 시속 20km면 됩니다. 절반 거리를 시속 10km로 달렸기 때문에 남은 거리를 시속 30km로 달리면 평균 속도가 시속(10+30)/2 = 20km가 되어 약속 시간에 도착할 것처럼 보입니다. 과연 그럴까요?

» 속도와 이동한 거리를 알면 « 시간도 알 수 있어

속도는 이동한 거리를 시간으로 나눈 값이므로, 속도와 이동 거리

를 알면 이동 시간 또한 알 수 있겠죠? 절반 거리인 10km를 시속 10km로 달렸다고 했으니까 이동 시간은 10km/시속 10km = 1시간이 됩니다. 시속 10km로 이동하는 동안 이미 1시간이 지나버렸기 때문에 약속 시간에 늦지 않으려면 남은 10km를 0시간, 즉 순간 이동하는 수밖에 없습니다. 어차피 늦을 수밖에 없다면 다치지 않고 선물도 망가지지 않도록 느긋하게 가는 것이 좋겠지요. 속도는 거리와 시간, 두 가지 변수를 포함하기 때문에 이 질문처럼 조금 복잡할 수 있습니다.

속도는 물리학에서 물체의 운동을 설명하는 데 유용하게 사용하는 개념입니다. 우리는 속도를 몸으로 느낄 수 있다고 생각합니다. 빠르게 달리는 자동차에 타고 밖을 보면 속도감을 느낄 수 있습니다. 그런데 눈을 감아도 마찬가지일까요? 다음에 한번 실

> ★ **속도(속력)** 속력은 속도의 크기를 뜻하므로 구별해서 사용해야 하지만 같은 의미로 사용할 때가 많다. 수학적으로 속도는 크기 외에 방향까지 포함하는 벡터 물리량, 속력은 크기만 가진 스칼라 물리량이라고 부른다.

힘과 가속도는 눈에 보이지 않으므로 과속은 금물

험해 보세요. 자동차가 일정한 속도로 달리면 아무리 빨라도 느낌이 없습니다. 그런데 운전자가 브레이크를 밟아 속도를 줄이거나 액셀을 밟아 속도를 증가시키면 몸이 앞으로 쏠리거나 뒤로 밀리는 느낌이 듭니다. 이런 느낌을 주는 것은 속도가 아니라 **가속도**★ 입니다.

》가속도가 0이 아니면《 속도 변화가 생겨

'가속도'는 운동을 다루는 물리학 분야인 역학에서 속도 못지않게 중요한 개념입니다. 가속도는 이동한 시간 동안 발생한 물체의 속도 변화를 시간으로 나눈 값을 의미합니다. 속도의 정의에서 위치 변화를 속도 변화로 바꾼 것이 가속도입니다.

$$가속도 = \frac{속도\ 변화}{이동한\ 시간}$$

가속도가 0이 아니면 속도 변화가 생겨 물체가 점점 더 빨리(가속도 > 0) 또는 점점 더 느리게 (가속도 < 0) 움직이게 됩니다. 그런데 속도를 변화시키려면 힘이 필요합니다. 물체에 작용한 힘이 물체를 가속 또는 감속시켜 속도가 달라집니다.

자동차의 성능을 말해 주는 지표로 제로백이라는 것이 있습

★ **가속도** 방향과 크기 모두를 가진 벡터 물리량이다.

니다. 제로백은 자동차가 정지해 있다가 액셀을 밟아 속도가 시속 100km에 도달할 때까지 걸린 시간을 말합니다. 고급 스포츠카의 경우 제로백이 10초 이내입니다. 10초 동안의 속도 변화가 시속 100km 이상이라는 말입니다. 따라서 제로백은 자동차의 가속 능력을 알려 줍니다. 고급 스포츠카들은 강력한 엔진을 가지고 있어 이런 엄청난 가속 능력을 보여 줍니다.

눈을 감으면 속도는 느낄 수 없지만 가속도는 몸으로 느낄 수 있습니다. 자동차의 급가속이나 급제동에서 경험하듯이 가속도에 의해 몸이 앞뒤로 쏠리게 됩니다. 가속도는 물체에 작용하는 힘에 비례하기 때문입니다. 제로백이 빠른 스포츠카를 몰 때 멀미를 느끼는 것도 가속도 때문입니다. 이보다 가속 능력이 월등한 전투기는 오랜 훈련을 받은 조종사들만 조종할 수 있습니다.

힘과 가속도가 비례한다는 사실을 처음으로 깨달은 사람이 바로 영국의 물리학자 뉴턴입니다. 힘은 물체의 운동을 분석하는 데 필요한 가속도와, 속도를 예측하는 데 매우 중요합니다. 그런데 힘이 눈에 보이지 않는다는 것이 문제입니다. 어떤 힘들이 있는지 지금부터 배워 볼까요?

5

사과는 떨어지는데 인공위성은 왜 떨어지지 않을까?

사과나무에 달린 사과는 땅으로 떨어집니다. 사과를 위로 아무리 힘껏 던져도 다시 아래로 떨어집니다. 그런데 하늘로 쏘아 올린 인공위성은 왜 떨어지지 않을까요? 사과와 인공위성에 다른 물리학 법칙이 작용하기 때문일까요?

오래전 이와 비슷한 질문을 던진 사람이 있었습니다. 바로 여러분도 잘 알고 있는 뉴턴입니다. 뉴턴이 고향집 사과나무 아래에서 생각에 잠겨 있다가 떨어지는 사과를 보고 우연히 중력을 발견했다는 이야기가 전해지고 있지만 사실이 아닙니다. 그 당시 뉴턴은 몇 년 동안 달이 지구를 공전하는 이유를 찾는 데 몰두하고 있었습니다. 사과는 아래로 떨어지는데 달은 왜 떨어지지 않을까? 달도 사과처럼 물체 사이에 작용하는 끌어당기는 힘, 즉 **중력***에 의해 땅으로 떨어져야 하는데 달이 사과와 다르다는 사실을 뉴턴은 받아들일 수 없었습니다.

뉴턴이 살던 시대에는 이런 궁금증을 갖는다는 것 자체가 받아들여지기 어려웠습니다. 당시 과학자들은 우주가 두 종류로 나뉘어 있다고 믿었거든요. 우리가 사는 지상계와 기독교의 하느님이 사는 천상계가 그것입니다. 지상계와 천상계를 구분 짓는 건 바로 달이 움직이는 궤도였지요. 지상계는 불완전하기 때문에 무거운 물체는 아래로 떨어지고 깃털 같은 가벼운 물체는 위로 올라간다고 생각했습니다. 반면 천상계는 완벽하기 때문에 태양이나 달처럼 완전한 원을 그리며 움직인다고 생각했습니다.

★ **중력** 모든 물체 사이에 작용하는 끌어당기는 힘. 지구가 인공위성, 달, 사과를 끌어당기는 힘이 좋은 예이다. 지구 중력이 있어 물체가 같은 가속도로 지구로 떨어지지만 인공위성과 달은 관성 때문에 지구로 떨어지지 않는다.

» 중력과 관성 «
두 가지를 알아야 해

왜 사과는 지구로 떨어지는데 달은 지구를 향해 떨어지지만 지구와 충돌하지 않을까요? 이 질문에 답하기 위해서 뉴턴은 갈릴레이의 이론에서 힌트를 얻었습니다. 갈릴레이는 물체가 움직일 때 물체에 마찰력이 작용하지 않으면 물체가 영원히 같은 속도로 움직인다고 주장했습니다. 이런 성질을 **관성**★이라고 부릅니다.

뉴턴은 달이 지구로 떨어지지 않는 이유를 설명하기 위해 중력과 관성을 이용했습니다. 정지해 있던 사과에 중력이 작용하면 사과에 가속도가 생겨 아래 방향으로 속도가 증가합니다. 다시 말해 사과가 아래로 점점 빨리 떨어집니다. 주변에서 흔히 보는 현상이지요. 달에 작용하는 중력도 달을 사과처럼 지구로 떨어지게 합니다. 하지만 달은 궤도의 접선 방향으로 속도를 가지므로 이 방향으로 움직이려는 관성을 가집니다.

잘 이해가 안 된다면 서서 사과를 지면에 평행하게 던지는 것을 상상해 보세요. 중력이 없다면 사과가 관성의 영향으로 지면에 평행하게 직선 방향으로 움직이겠지만 중력이 작용하기 때문에 사과는 아래로 곡선을 그리며 떨어지지요. 인공위성도 동일하게

★ **관성** 현재 속도를 유지하려는 성질. 힘이 작용하지 않으면 속도는 변하지 않는다. 속도를 변화시키려면 힘이 작용해야 한다.

움직입니다. 인공위성에 작용하는 중력은 인공위성을 사과와 같은 가속도로 지구 쪽으로 떨어지게 합니다. 하지만 중력 방향과 관성 방향이 수직을 이루어 인공위성은 지구를 향해 떨어지는 동안 궤도의 접선 방향으로 이동하게 됩니다. 관성이 충분히 크다면 인공위성은 지구와 충돌하지 않고 지구를 공전할 수 있습니다. 그러나 인공위성의 관성이 작다면 옆으로 던진 사과처럼 곡선을 그리며 결국에는 지구로 추락하게 됩니다. 가끔 인공위성이 추락하는 것은 이런 이유 때문입니다.

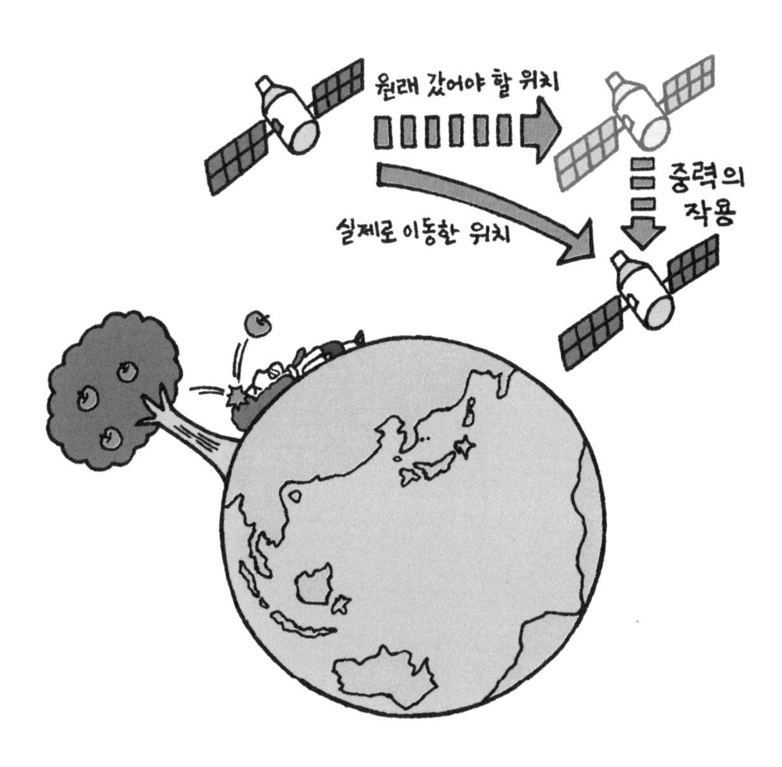

》물리학 법칙은《 어디에서나 똑같아

뉴턴의 발견은 물리학 법칙이 우주의 모든 사물에 동일하게 작용한다는 것을 보여 주었습니다. 뉴턴이 발견한 중력 법칙은 사과, 인공위성, 달, 은하계에서 동일하게 적용됩니다. 지구가 사과를 끌어당기듯이 지구는 인공위성과 달을 끌어당깁니다. 사과는 관성이 작기 때문에 땅에 떨어지지만 관성이 큰 인공위성과 달은 공중에 머무를 수 있습니다.

뉴턴의 발견은 지상계와 천상계의 장벽을 허물고 지상계나 천상계에 있는 물체 모두 동일하게 움직인다는 혁명적인 발상이었습니다.

6

우주인은 중력을 느끼지 않는다고?

〈인터스텔라〉나 〈그래비티〉와 같은 우주 영화를 보면 우주 비행사가 우주선 안에서 둥둥 떠다니는 모습을 볼 수 있습니다. 땅에서는 위로 힘껏 뛰어올라도 지구 중력이 우리 몸을 끌어당겨 곧바로 떨어지는데 말이지요. 그렇다면 흔히 무중력 상태라고 부르는 것처럼 우주 공간에 있는 우주인에게는 지구 중력이 작용하지 않나요?

지구 상공에 떠 있는 우주선에 탄 우주인도 지상에 있는 우리처럼 중력을 받습니다. 그렇기 때문에 우주인이 무중력 상태에 있어 둥둥 떠다닌다는 건 잘못된 표현입니다. 여기서 중력은 지구가 물체를 잡아당기는 힘입니다. 지구와 가까울수록, 또 물체가 무거울수록 중력이 커집니다. 지구에서 멀리 떨어져 있어 중력은 작지만 우주인에게 작용은 합니다. 그런데 우주인은 왜 둥둥 뜨는 걸까요?

》 움직이는 승강기 안에서 《 무게를 달면?

그 이유를 알려면 우선 질량과 무게에 대한 이해가 필요합니다. 우리 몸의 무게를 알려면 저울에 올라서면 됩니다. 40kg, 50kg 등 무게가 표시됩니다. 사실 킬로그램(kg)은 질량 단위이기 때문에 이건 잘못된 표현입니다. 정확한 무게 표현은 40kg중, 50kg중입니다. 50kg의 질량에 **지구 중력 가속도**★를 곱한 값이 50kg중입니다. 무게는 질량과 달리 힘입니다. 지구가 지표면 근처에 놓인 질량 50kg의 물체를 끌어당기는 중력이 50kg중입니다.

반면 질량은 '운동과 관계된 물체의 관성을 알려 주는 물체 고유의 물리량'으로, 무게 또는 힘과는 다른 물리량입니다. 질량이 클수록 관성이 큽니다. 질량이 큰 물체를 움직이려면 관성이

★ **지구 중력 가속도** 9.8m/s^2의 크기를 가져서, 1초 떨어질 때마다 속도가 대략 10m/s씩 더 증가한다.

커서 큰 힘을 주어야 합니다.

공중에 놓인 물체는 지구 중력, 즉 무게에 의해 지구로 떨어집니다. 무게가 질량에 지구 중력 가속도를 곱한 값이기 때문에 모든 물체는 동일한 지구 중력 가속도를 가지고 가속이 됩니다. 무게가 다른 쇠구슬을 같은 높이에서 떨어뜨리면 지면에 동시에 닿는 이유가 바로 가속도가 같기 때문이지요. 가속도가 같으면 속도 변화가 같아지고 속도가 같으면 물체의 위치가 같아져 같이 떨어집니다. 이런 사실은 앞에 등장한 물리학자 갈릴레이가 발견한 것입니다.

저울로 몸무게를 재려면 우리 몸이 저울 면을 눌러야 합니다. 저울이 한자리에 멈춰 있을 때는 몸의 무게, 즉 중력이 저울 면을 눌러 저울 눈금이 무게를 알려 줍니다.

이제 실험을 하나 해 봅시다. 저울을 가지고 승강기에 탑니다. 정지해 있는 승강기 속에서 저울을 바닥에 놓고 저울 위에 올라서서 몸무게를 확인합니다. 꼭대기 층 단추를 눌러 승강기가 위로 올라갈 때 저울 눈금을 보세요. 몸무게가 처음과 같나요? 아니면 큰가요? 아니면 작은가요? 몸무게는 잠시 커졌다가 다시 원래와 같아집니다. 승강기가 위로 올라가다가 멈출 때는 어떻게 되나요? 이때는 몸무게가 잠시 작아졌다가 다시 원래와 같아집니다. 승강기의 운동에 따라 원래 무게와 달라지는 것을 **겉보기 무게**★라고 합니다.

》우주선과 우주인은 같은 가속도로 떨어져《

극단적인 경우로 승강기의 줄이 끊어져 승강기가 아래로 곧장 떨어진다고 가정해 봅시다(절대로 이런 실험을 하면 안 됩니다. 최신식 승강기에는 여러 안전장치가 되어 있어 줄이 끊어지더라도 바닥으로 떨어지지 않습니다). 이때 겉보기 무게는 어떻게 될까요? 우주인이 경험하는 무중력 상태처럼 몸이 붕 뜬 것같이 됩니다. 왜 그럴까요? 중력의 작용으로 승강기와 함께 우리 몸과 저울도 같은 가속도로 떨어집니다. 무게가 0이 아니려면 몸이 저울 면을 눌러야 합니다. 그런데 저울 면도 몸과 같이 떨어지므로 몸이 저울 면을 누를 수 없게 되어 저울 눈금이 0을 가리킵니다. 중력이 없어서가 아니라 바닥이 같이 떨어지기 때문에 나타나는 현상이 바로 무중력 상태입니다.

우주선에 탄 우주인도 이같은 현상을 겪습니다. 우주선과 우주인 모두 지구 중력에 의해 같은 가속도로 떨어지기 때문에 우주인이 우주선 바닥에 닿아 있더라도 무게를 느낄 수 없습니다. 다만 우주선이 빠른 속도로 원 운동을 하고 있어서 계속 떨어지지 않는 것이지요. 그러니까 물리학적으로 이것을 **무중력 상태**★★가 아니라

★ **겉보기 무게** 물체가 놓인 공간의 이동, 예를 들면 승강기나 비행기의 가속 운동에 의해 실제 무게와는 다른 무게가 나타나는 것을 말한다.

★★ **무중력 상태** 정확히 겉보기 무게가 0이 되는 무겉보기 무게 상태 또는 무무게 상태라고 부르는 것이 좋다.

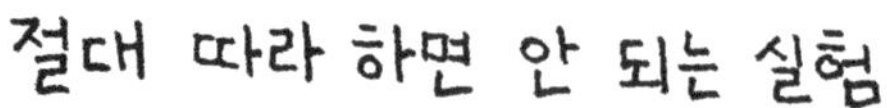

무겁보기 무게 상태 또는 무무게 상태로 부르는 것이 맞습니다.

우주인에게 무무게 상태의 경험은 중요합니다. 앞에서 말한 대로 우주인을 큰 승강기에 태워 승강기 줄을 끊어 떨어뜨리면 되겠지만 너무 위험하지요. 그래서 그 대신 비행기에 태웁니다. 비행기가 하늘 높이 올라갔다가 큰 원을 그리며 내려오면, 우주인들은 원의 최고점에서 10분 정도 무무게 상태를 경험하게 됩니다. 이유는 승강기의 경우와 같습니다. 비행기가 우주인과 함께 지구 중력에 의해 떨어지면서 잠시 무무게 상태를 경험하는 것이지요. 비행기를 타고 하늘에서 둥둥 뜨면 재미있을 것 같지요? 우주인은 이 비행기를 구토 유발자라고 부르며 싫어한답니다. 무게가 사라지면 소화 기관이 적응하지 못해 토하게 되는 일이 많이 발생한다고 합니다. 또 오랜 무무게 상태는 건강에 해롭다고 하니 새로운 경험이 꼭 좋은 것만은 아닙니다.

7

낡은 다리를 건널 때 겁이 나는 이유는?

영화 속 인디애나 존스가 계곡에 걸린 나무다리를 건너는 모습은 보기만 해도 아찔합니다. 조금만 발을 잘못 내딛어 썩은 판자를 밟게 되면 천길 아래 강물로 떨어지게 되니까요. 우리는 경험상 나무판자가 우리 몸을 지탱할지 못할지 판단할 수 있습니다. 판자의 색깔, 썩은 정도가 판단에 도움을 주지요. 하지만 때로는 멀쩡해 보이는 판자가 무게를 견디지 못해 부러지기도 합니다. 나무판자 위에 설 때 물리학적으로 어떤 일이 일어나는 걸까요?

지상의 모든 물체는 지구가 당기는 중력, 즉 무게라는 힘을 받습니다. 무게는 항상 지면에 수직하게 아래로 작용하는 힘입니다. 물체에 무게만 작용하면 어떤 일이 생길까요? 잘 알고 있듯이 수직으로 떨어집니다. 다이빙대 끝에 서 있다가 용기를 내어 허공으로 걸어간다고 상상해 보세요. 몸에는 오직 무게만이 작용하기 때문에 수직으로 떨어지게 됩니다. 갈릴레이가 발견한 것처럼 몸은 지구 중력 가속도로 가속되기 때문에 낙하할수록 속도가 커집니다. 10m 높이의 다이빙대에서 물로 떨어질 경우 물에 닿을 때까지 걸리는 시간은 1.4초 정도이며 속도는 초속 14m 또는 시속 50km 정도로 매우 큽니다. 물이기에 다행이지 이 속도로 콘크리트 바닥에 부딪치면 살아남기 어렵습니다. 또 물이라고 하더라도 다이빙 선수처럼 수직으로 손부터 물에 넣지 않으면 상당히 큰 충격을 받게 됩니다.

》 힘의 방향이 반대이면 《
힘이 없는 것과 같다고?

뉴턴은 '물체에 힘이 작용하면 힘 방향으로 힘을 물체의 질량으로 나눈 가속도가 생겨 물체의 속도가 변한다'고 주장했습니다. 이것을 **뉴턴의 운동 제2법칙**★이라고 부릅니다. 또 힘이 작용하지 않으면 가속도가 0이 되므로 속도 변화가 없어 정지한 물체는 정지된 채로, 움직이는 물체는 항상 같은 속도로 움직입니다. 이것을 **뉴턴의 운동 제1법칙**★★ 또는 관성의 법칙이라고 부릅니다. 우주에 존재하는 모든 물체의 운동을 설명하는 아주 중요한 법칙이므로 잘 기억하기 바랍니다.

물체에는 무게, 즉 지구 중력 외에도 여러 다른 힘이 작용하기도 합니다. 힘은 벡터이기 때문에 크기뿐만 아니라 방향도 중요합니다. 줄다리기를 할 때 양쪽 선수들이 서로 같은 힘으로 당기면 아무리 센 힘을 주어도 밧줄이 움직이지 않습니다. 힘이 상반되게 작용하여 팽팽하게 균형을 이루기 때문이지요. 이처럼 힘이 작용해도 힘의 방향이 반대이면 힘이 작용하지 않은 것과 같게 됩니다.

튼튼한 나무판자 위 또는 콘크리트 다이빙대 위에 서 있으면 공중에 있는 것과 달리 왜 아래로 떨어지지 않고 정지해 있을까요? 줄다리기에서 본 것처럼 아래로 작용하는 무게를 상쇄시킬 힘이 작용하기 때문입니다. 이 힘을 **수직 항력**★★★이라고 부릅니다. 물체가 놓인 표면에 수직하게, 중력에 저항하도록 위로 작용하기 때문에 붙여진 이름인데, 이름을 잘 붙였지요? 우리가 다리를 건널 때, 마룻바닥에 서 있을 때, 소파에 앉아 있을 때, 저울 위에 올

★ **뉴턴의 운동 제2법칙** 물체에 힘이 작용하면 힘 방향으로 힘을 물체의 질량으로 나눈 가속도가 생겨 물체의 속도와 위치가 변한다.

★★ **뉴턴의 운동 제1법칙** 물체에 힘이 작용하지 않으면 가속도가 0이 되므로 속도 변화가 없어 정지한 물체는 정지된 채로, 움직이는 물체는 항상 같은 속도로 움직인다.

★★★ **수직 항력** 물체가 놓인 바닥이 물체에 작용하는 힘으로 보통 무게를 상쇄하여 물체가 바닥에 멈춰 있게 한다.

라가 있을 때 다리, 마루, 소파, 저울이 수직 항력을 위로 작용하게 하기 때문에 무사히 다리를 건너고, 바닥에 서 있고, 소파에 앉으며, 저울로 무게를 잴 수 있습니다.

» 썩은 나무판자는 «
수직 항력을 주지 못해

때로는 다리나 마루가 꺼져 아래로 떨어지는 일이 생길 수 있습니다. 우리 몸무게를 지탱할 수직 항력을 제공하지 못하기 때문에 생기는 일입니다. 바닥이 몸무게를 상쇄할 수직 항력을 제공하느냐 못하느냐는 바닥을 구성하고 있는 수많은 원자나 분자 사이의 결합과 관련이 있습니다. 원자나 분자가 전기력에 의해 강하게 결합되어 있으면 충분한 수직 항력을 제공합니다. 그렇지 않으면 무게가 작용할 때 바닥이 꺼집니다. 썩은 나무판자를 밟을 때 이런 일이 일어나지요.

수직 항력이나 원자, 분자 사이의 전기력을 볼 수도 없고 알지도 못하지만 나무판자를 눈으로 보기만 해도 어떤 물리적 현상이 일어날지 짐작할 수 있다는 게 참 신기하지 않나요? 우리는 배우지 않고도 본능적으로, 경험적으로 물리학의 내용들을 알고 있습니다. 누구나 물리학을 잘할 수 있는 소질을 갖고 태어난 셈이지요. 본능이나 경험을 조금만 갈고닦으면 물리학을 이해하기 쉬워집니다.

8

14억 명이 한꺼번에 공중에서 뛰어내리면 지구는 어떻게 될까?

E=mc²

중국 인구 14억 명이 동시에 공중에서 뛰어내리면 어떤 일이 벌어질까요? 이 충격으로 지구가 반쪽으로 갈라지거나 공전 궤도를 벗어나게 되어 세계가 멸망할까요? 사실이라면 핵폭탄보다 수십, 수백 배 더 큰 위협이 아닐 수 없습니다. 물론 14억 명이 동시에 땅과 충돌하는 것은 불가능한 일이지만 가능하다면 정말 위협이 될 수 있을까요?

조금 황당하지만 언뜻 두렵기도 한 이 질문에 뉴턴의 운동 법칙이 명확한 답을 줄 수 있습니다. 우선 답부터 말하면 걱정하지 않아도 됩니다! 물리학 법칙을 얼마나 유용하게 사용할 수 있는지 알아볼까요?

사람이 높은 데서 뛰어내리면 다리에 상당한 충격을 받습니다. 물리학적으로 설명하면 땅에 닿은 순간 지구로부터 다리에 큰 힘이 위로 작용하여 충격이 오고, 몸이 튕겨져 잠시 위로 떴다가 다시 떨어집니다. 뉴턴의 운동 제2법칙으로 이야기하면 지면과 충돌할 때 발생하는 힘에 의해 위로 가속도가 생겨 몸이 위로 올라갑니다. 이때 몸의 가속도의 크기는 힘을 몸의 질량으로 나눈 값입니다.

» 지구 질량은 « 엄청나게 크다는 걸 알아야 해

농구공을 떨어뜨렸을 때를 상상하면 쉽지요. 지구는 농구공을 끌어당기기도 하지만 땅과 부딪치는 순간에는 중력보다 큰 힘을 위로 농구공에 작용하여 공이 튀어 오르게 만듭니다. 그렇다면 몸과 충돌한 지구는 어떻게 될까요? 이것은 뉴턴이 골똘히 생각한 질문이기도 합니다. 뉴턴의 대답은 지구가 우리에게 준 힘(충격)만큼 지구도 힘(충격)을 받으며 단지 힘의 방향만이 반대라는 것이었습니다. 이것을 **뉴턴의 운동 제3법칙**★, 또는 작용-반작용의 법칙이라고 부릅니다.

간단히 말해 우리 몸이 아픈 만큼 지구도 아픕니다. 하지만 우리 몸은 공중에 잠시 떴다가 떨어지는데 지구는 꿈쩍도 안 합니다. 왜일까요? 물체에 힘이 작용하면 힘 방향으로 힘을 물체의 질량으로 나눈 가속도가 생겨 물체의 속도가 변하는 뉴턴의 운동 제2법칙 때문입니다. 지구와 충돌할 때 지구와 우리가 받는 힘의 크기는 같지만 질량은 엄청나게 다릅니다. 우리 질량이 50kg이라면 지구 질량은 무려 6×10^{24}(6 다음에 0이 24개가 붙는 수)kg이나 됩니다. 따라서 같은 힘이 작용해도 지구의 가속도는 우리 몸의 가속도와 비교해 50kg/6×10^{24}kg, 즉 $1/10^{23}$배 정도가 되어 0이라고 보아도 좋습니다. 그 결과 우리 몸은 튕겨 오르지만 지구는 꿈쩍도 하지 않습니다.

처음 질문으로 돌아가서 중국의 14억 명이 동시에 지구와 충돌하면 정말 지구에 위협이 될까요? 중국 사람의 평균 질량을 70kg으로 잡고 14억 명의 질량을 계산하면 대략 980억kg, 즉 9.8×10^{10}kg이 됩니다. 지구 질량과 비교할 때 여전히 6×10^{13}, 60조 배나 작습니다. 지구 가속도 역시 중국인의 가속도보다 60조 배 작아 지구의 공전 속도에 전혀 변화를 주지 못합니다.

충격으로 지구가 갈라지지 않느냐고요? 충격이 지면의 한곳으로 집중된다면 위협이 되겠지만 드넓은 중국 대륙으로 충격이

★ **뉴턴의 운동 제3법칙** 힘은 일방적이지 않고 항상 쌍방으로 작용한다. 작용이 있으면 크기는 같고 방향이 반대인 반작용이 반드시 나타난다.

퍼지므로 이 역시 큰 문제가 되지 않습니다. 따라서 이 이야기는 그냥 웃자고 하는 농담에 지나지 않습니다. 인터넷에 나도는 가짜 뉴스들은 대부분 이처럼 냉철하게 분석해 보면 쉽게 오류가 발견됩니다.

》상대방을 때리면《 내 주먹도 얼얼해지는 이유

뉴턴의 운동 제3법칙이 적용되는 예는 주위에서 쉽게 찾아볼 수 있습니다. 권투 선수들이 두툼한 글러브를 끼고 경기하는 것을 떠올려 보세요. 권투는 상대 선수를 내 주먹으로 때리는 경기여서 내가 때리면 맞은 선수만 아프지 나는 아무 일도 없을 것 같지요? 그렇지 않습니다. 내가 상대 선수를 때리면 상대 선수가 충격(작용)을 받지만, 역으로 상대 선수도 나에게 동일한 충격(반작용)을 가해 내 주먹도 얼얼해집니다. 글러브를 끼지 않았다면 반작용에 의해 내 주먹의 뼈가 상할 수 있습니다. 대포를 쏠 때 대포가 뒤로 크게 밀려나는 것 역시 작용-반작용 때문입니다. 대포가 포탄에 커다란 힘(작용)을 가해 포탄을 앞으로 가속시키면 그 반작용으로 대포가 포탄의 진행 방향과 반대인 뒤로 물러나게 됩니다. 대포의 질량이 크기 때문에 포탄처럼 빨리 움직이지는 않지요.

미국 물리학자 로버트 고더드가 처음으로 로켓을 개발할 때 반대가 심했습니다. 높이 올라가면 로켓을 추진시킬 물질인 공기가 존재하지 않기 때문에 작용-반작용의 법칙이 성립하지 않아

로켓이 날아갈 수 없다고 비난했습니다. 하지만 고더드는 로켓 발사 실험을 성공시킵니다. 로켓에서 뒤로 분사하는 배기가스의 반작용으로 로켓이 앞으로 나갈 수 있음을 증명해 보인 것이죠. 여러분도 작용-반작용의 법칙이 적용되는 또 다른 예를 찾아볼 수 있겠죠?

갈릴레이의 낙하 실험

나는 피사의 사탑에서 실험을 하지 않았습니다. 제자가 퍼트린 유언비어입니다.
죄송합니다. 선생님을 너무 존경해서….

게다가 피사의 사탑에서 무게가 다른 두 공을 떨어뜨리는 실험은 정확도가 떨어집니다.

너무 빨리 떨어져서 확인하기도 힘들고
봤어요?
못 봤는데

바람이나 날씨의 영향을 받죠.
어어~
휘잉~

쇠공에 맞으면 죽을 수도 있습니다.
아야~

그래서 저는 경사면 실험 도구를 만들었습니다.
촤악
와~ 선생님 짱!

실내에서 실험할 수 있어서 번개가 쳐도 상관없고
콰콰쾅

느긋하게 앉아서 실험을 지켜볼 수 있습니다. 그리고 완전 무료입니다.

자 그럼 경사면에 무게가 다른 두 공을 굴려 볼까요?

데굴데굴

와! 동시에 도착했어!
성공이다! 성공~
갈릴레이 만세!!
뭐 이 정도 가지고….

야 너희 선생님 망원경으로 우주도 관찰한다며?
우주의 별들 뿐만 아니라

이건 비밀인데 외계인도 봤다니까.

네 이놈~ 잘못된 소문 퍼트리지 말랬지!
죄송합니다. 선생님을 너무 존경해서….

2장

놀랍고도 신기한 유체와 열

9

수영장은 왜 건물 지하에 있을까?

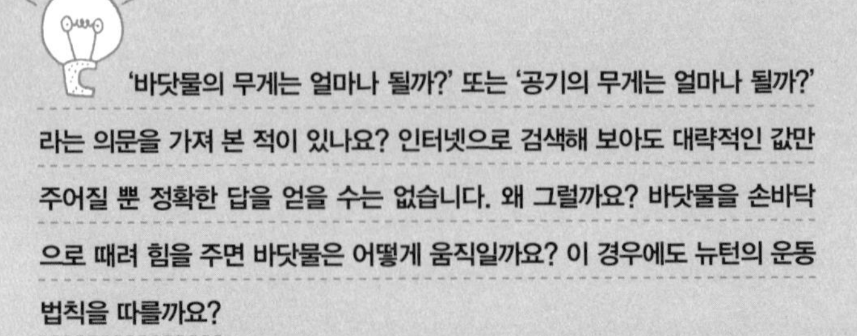

'바닷물의 무게는 얼마나 될까?' 또는 '공기의 무게는 얼마나 될까?' 라는 의문을 가져 본 적이 있나요? 인터넷으로 검색해 보아도 대략적인 값만 주어질 뿐 정확한 답을 얻을 수는 없습니다. 왜 그럴까요? 바닷물을 손바닥으로 때려 힘을 주면 바닷물은 어떻게 움직일까요? 이 경우에도 뉴턴의 운동 법칙을 따를까요?

바닷물이나 공기처럼 넓은 공간에 퍼져 있는 물질에 야구공과 같은 물체에 적용하는 물리학 법칙을 사용하는 것은 여러 가지 문제가 있습니다. 물리학에서는 물질을 고체, 액체, 기체 세 가지 종류로 나눕니다. 주위에서 흔히 접하는 고체의 예로는 돌, 액체의 예로는 물, 기체의 예로는 공기를 들 수 있겠지요. 고체는 일반적으로 공간에 몰려 있고 특정한 형체를 가지고 있으며 힘을 받아도 잘 변하지 않는다는 특징을 가지고 있습니다. 반면 기체와 액체는 공간에 넓게 퍼져 있고 담는 그릇의 모양에 따라 형체가 달라지는 것에서 보이듯 형체가 언제나 변화할 수 있다는 특징을 가지고 있습니다. 기체와 액체가 가진 여러 가지 공통점 때문에 물리학에서는 기체와 액체를 합쳐 유체(흐를 수 있는 물질)라고 부릅니다.

》밀도가《 필요한 이유

유체는 고체와 달리 공간에 넓게 퍼져 있기 때문에 고체에 사용하는 질량이나 무게를 사용하기 어렵습니다. 어떤 대상의 질량이나 무게를 알려면 저울을 사용해 측정할 수 있어야 합니다. 고체인 돌의 질량을 알고 싶다면 저울에 돌을 올려놓고 눈금을 읽으면 됩니다. 그런데 바닷물의 질량이나 공기의 질량을 알고 싶다면 어떻게 해야 할까요? 지금으로서는 방법이 없습니다. 따라서 유체의 질량에 관한 질문은 무의미합니다.

같은 유체라도 바닷물은 무겁게 느껴지고 공기는 가볍게 느껴지죠? 이런 차이를 나타내기 위해 유체에서는 질량 대신 **밀도**★라는 용어를 사용합니다. 밀도는 같은 부피를 가진 유체의 질량을 비교하기 위해서 생겨난 용어입니다. 정확히 이야기하자면 밀도는 물체의 질량을 물체의 부피로 나눈 값입니다. 원래는 유체의 질량을 표시하기 위해 사용하기 시작했지만 지금은 고체에서도 밀도라는 용어를 사용합니다.

$$밀도 = \frac{질량}{부피}$$

가장 흔한 액체인 물의 밀도는 $1g/cm^3$입니다. 한 변의 길이가 1cm인 정육면체의 부피가 $1cm^3$인 건 알고 있죠? 부피가 $1cm^3$인 용기에 담긴 물의 질량을 측정하면 1g이 된다는 뜻입니다. 물의 밀도를 알면 1.5리터 생수 한 병의 질량을 쉽게 알 수 있습니다. 리터는 부피의 단위인데 1리터는 $1000cm^3$와 같습니다. 따라서 1.5리터 생수 한 병의 질량은 물의 밀도×부피 = $1g/cm^3 \times 1500cm^3$ = 1500g = 1.5kg이 됩니다. 생수의 질량이 제법 나가지요?

가장 흔한 기체인 공기의 밀도는 $1.2 \times 10^{-3} g/cm^3$입니다. 물의 밀도와 비교해 1/1000 정도로 작은 값입니다. 일반적으로 기체의 밀도는 액체나 고체의 밀도에 비해 아주 작습니다. 기체를 구성하고 있는 입자들이 아주 멀리 떨어져 있기 때문입니다. 입자들이 액체보다 가까이 있는 고체의 밀도는 액체의 밀도보다 큽니다. 우리 주위에서 흔히 볼 수 있는 강철의 밀도는 $7.8g/cm^3$로 물의 밀도보다 8배가량 큽니다.

》유체의 압력은《 유용하게 사용돼

고체로 된 물체에 힘을 주면 물체가 가속 운동을 한다는 것을 앞에서 배웠죠? 그런데 바닷물에 힘을 주면 바닷물도 가속 운동을 할까요? 당장 욕조에 물을 받아 놓고 실험해 보면 아니라는 것을 알 수 있습니다. 욕조에 담긴 물 전체가 움직이는 일은 안 생깁니다. 따라서 고체에서처럼 유체에는 힘이라는 개념을 사용할 수 없겠죠? 그렇다면 유체에서 힘을 대신하는 것이 무엇일까요? 바로 **압력**★★입니다. 유체처럼 공간에 넓게 퍼져 있는 물질 전체에 작용하는 힘이 압력입니다.

예를 들어 볼까요? 욕조에 물을 담고 물 위에 욕조 크기의 널판을 놓습니다. 그런 뒤 널판에 힘을 주어 누르면 어떤 일이 생길까요? 물이 조금 압축되면서 물의 압력이 증가합니다. 압력이 유체를 이동시키는 예를 들어 볼까요? 일기 예보를 보면 고기압, 저기압이라는 말이 나옵니다. 고기압이란 공기의 압력이 높다는 말로, 고기압 기단 근처에 저기압 기단이 있으면 고기압 기단으로부터 저기압 기단으로 바람이 붑니다. 고기압 기단의 높은 압력이 공기를 저기압 기단으로 밀어 바람을 일으킵니다. 열대성 저기압

★ **밀도** 일정한 부피의 용기에 유체를 담고 질량을 잰 뒤 질량/부피를 구하면 밀도가 된다.
★★ **압력** 유체에서 힘을 대신하는 물리학 용어로 정확히는 단위 면적에 작용하는 힘으로 정의한다.

인 태풍이 엄청난 바람을 몰고 오는 이유도 태풍의 압력과 주위 대기의 압력이 크게 차이가 나기 때문입니다.

유체를 설명하기 위해 질량과 힘 대신 생겨난 밀도와 압력은 여러 곳에서 유용하게 사용됩니다. 송곳으로 찌르거나 칼로 베는 것이 위험한 이유는 송곳이나 칼로 주는 힘이 아닌 압력 때문입니다. 같은 힘을 주어 찔러도 손가락으로 찌르는 것이 송곳으로 찌를 때보다 압력이 훨씬 작기 때문에 해를 주지 않습니다. 칼날도 아주 날카롭기 때문에 작은 힘을 주어도 피부에 큰 압력을 주어 치료하기 힘든 상처를 남깁니다.

》 수영장이 《 지하에 있는 이유

수영장은 보통 건물 지하에 있습니다. 왜 그럴까요? 바로 물의 밀도가 크기 때문입니다. 국제 규격의 수영장을 물로 채운다고 가정해 봅시다. 수영장의 부피는 $50m \times 25m \times 2m = 2500m^3$이니까, 이곳을 물로 다 채웠을 때 물의 질량은 $2500m^3 \times 1000kg/m^3 = 2,500,000kg$, 즉 2,500톤이나 됩니다. 이런 어마어마한 양의 물을 담은 수영장을 옥상에 만들려면 건물을 아주 튼튼하게 지어야 하고 그만큼 건축비가 많이 듭니다. 건물 지하에 수영장이 많은 이유를 이제 알았나요?

10

부력은 물체의 밀도에 따라 달라진다고?

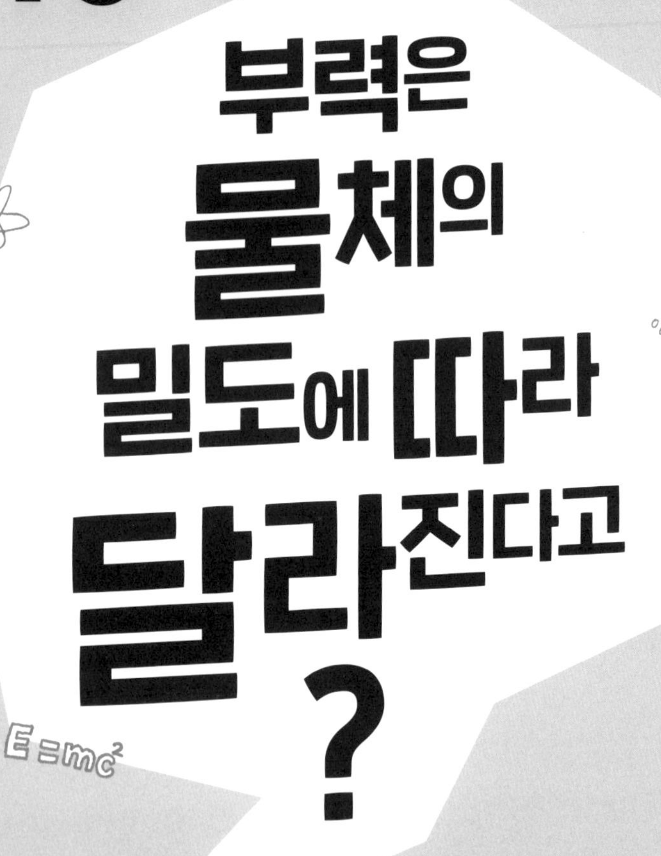

엄청 무거운 배가 물속에 가라앉지 않고 떠 있을 수 있는 이유는 뭘까요? 또 잠수함이 떴다 가라앉았다 할 수 있는 것은요? 모두 부력 때문입니다. 부력은 액체 속에 담긴 물체의 무게를 줄여 주는 역할을 합니다. 아르키메데스가 발견한 부력은 무엇일까요?

지금으로부터 약 2200년 전 고대 그리스 도시 국가 시라쿠사에 아르키메데스라는 과학자가 살았습니다. 어느 날 왕이 세공업자에게 순금을 주며 새 왕관을 만들어 오라고 했습니다. 만들어진 왕관은 훌륭했지만 왕관에 은이 조금 섞였다는 소문이 나돌았습니다. 하지만 왕관의 무게는 원래 금의 무게와 똑같아 은이 정말 섞였는지 알 수 없었습니다. 왕은 아르키메데스에게 왕관을 녹이지는 않고 진짜 금으로만 만들어진 것인지 알아내라고 했습니다.

고민에 빠진 아르키메데스는 목욕을 하던 중 문제의 해답이 부력에 있다는 것을 깨닫게 됩니다. 너무 기쁜 나머지 벌거벗었다는 것도 잊은 채 "유레카(알아냈다)!"라고 외치며 거리를 뛰어다녔습니다. 과연 아르키메데스는 부력을 이용해 어떻게 왕관에 은이 섞인 사실을 알아냈을까요?

》 금과 은은 《
밀도가 서로 달라

아르키메데스는 왕관이 순금인지 아닌지를 밝혀내기 위해 우선 왕이 세공업자에게 준 순금 덩어리와 똑같은 양의 순금을 구해 저울로 공기 중에서 무게를 쟀습니다. 그런 다음 이 순금에 줄을 매달아 물속에서 무게를 쟀습니다. 물에 의한 부력 때문에 당연히 물속에 있는 순금의 무게는 적게 나오겠지요. 이번에는 세공업자가 만든 왕관을 저울에 달아 공기 중에서 무게를 쟀습니다. 장인이 바보가 아닌 이상 당연히 공기 중에서 잰 순금의 무게와 같았겠지요. 그런 후 왕관에 줄을 매달아 물속에서 무게를 쟀습니다. 그랬더니 물속에서 잰 왕관의 무게와 물속에서 잰 순금의 무게는 달랐습니다.

물속에서 잰 순금의 무게와 물속에서 잰 왕관의 무게가 다르다는 것이, 왕관이 순금으로 만들어졌는지 아니면 은이 섞여 있는지를 알려 주는 해답이 된다는 사실을 부력을 발견한 아르키메데스는 잘 알고 있었습니다. 물속에서 잰 무게의 차이로 어떻게 왕관에 다른 물질이 섞여 있는지 알 수 있을까요? 그것은 순금이냐 아니면 은이 섞인 금이냐에 따라 부력이 달라지기 때문입니다.

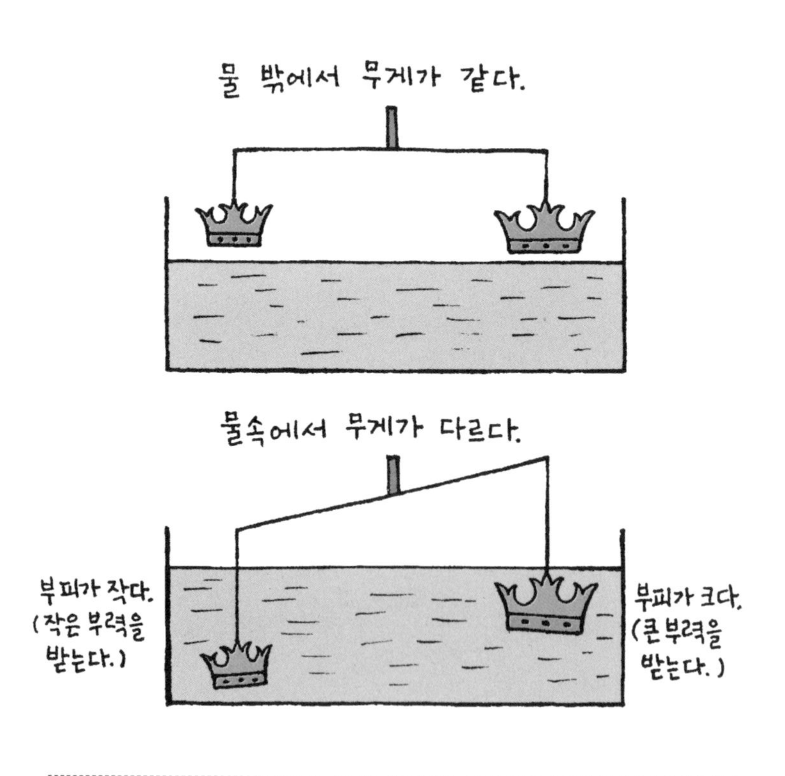

앞에서 밀도는 물체의 질량을 물체의 부피로 나눈 값이라고 했습니다. 순금의 밀도는 19.3g/cm^{3}입니다. 물 1cm^{3}의 질량이 1g인 것과 비교하면 순금이 엄청 무겁다는 것을 알 수 있죠? 반면 순은의 밀도는 10.5g/cm^{3}로 역시 물보다는 훨씬 크지만 순금보다는 절반 정도로 작습니다. 세공업자가 은을 섞어 순금 왕관의 무게와 같도록 왕관을 만들면 왕관의 부피가 커질 수밖에 없습니다. 이제 부력이 물체의 부피와 어떤 관계를 가지는지 알아볼까요?

》물체의 무게가《 부력보다 작으면 뜨게 돼

아르키메데스는 부력이 '유체의 밀도에 유체 속에 잠긴 물체의 부피를 곱한 것과 같다'는 사실을 발견합니다. 우리는 이것을 **아르키메데스의 원리**★라고 부릅니다. 유체 속에 완전히 잠긴 물체는 유체 밀도에 물체의 부피를 곱한 부력을 위로 받습니다. 은의 밀도는 금보다 절반 정도 작다고 했죠? 그런데도 은이 섞인 왕관의 공기 중의 무게가 순금의 무게와 같다면 왕관의 부피는 순금으로만 만든 왕관보다 커질 수밖에 없습니다. 당연히 물속에 담갔을 때 부력이 커지게 됩니다.

★ **아르키메데스의 원리** 유체 속에 완전히 담긴 물체는 유체 밀도에 물체의 부피를 곱한 부력을 위로 받아 겉보기 무게가 줄어든다.

공기도 유체이기 때문에 공기 속에 있는 우리 몸도 공기의 부력을 받습니다. 하지만 공기의 밀도는 물의 밀도보다 엄청나게 작아서 공기의 부력은 우리 몸무게를 별로 줄게 하지 않습니다. 반면 물의 부력은 제법 커서 물속에 들어가면 몸이 가벼워지는 것을 느낍니다.

추운 남극 지방이나 북극 지방에 가면 거대한 빙산이 바다에 떠 있는 것을 볼 수 있습니다. 이 빙산은 큰 배보다 무게가 더 나갑니다. 배가 물 위에 뜨는 원리나 빙산이 뜨는 원리는 동일합니다. 배나 빙산에 무게, 즉 중력만 작용한다면 뉴턴의 운동 제2법칙에 의해 계속해서 아래로 떨어지게 됩니다. 배나 빙산이 떨어지지 않으려면 무게를 상쇄할 힘이 위로 작용해야 하는데 어떤 힘일까요? 바로 부력입니다. 배나 빙산의 일부가 물속에 잠겨 있어 부력이 작용합니다. 그렇지만 빙산, 즉 얼음의 밀도는 물의 밀도보다 조금 작기 때문에 빙산의 거의 대부분은 물속에 잠겨 있습니다. 물 밖에 드러난 빙산의 모습을 보고 가까이 배를 접근시켰다가는 타이태닉호처럼 침몰될 수 있습니다.

만약 물체의 밀도가 물의 밀도보다 크면 어떻게 될지 생각해 보세요. 그러면 물체의 무게가 부력보다 커져 물체가 물속으로 가라앉게 됩니다. 잠수함은 바닷물을 넣었다 뺐다 하는 방식으로 잠수함의 밀도를 크게 또는 작게 조절해 가라앉았다 떴다 할 수 있습니다.

11

깊은 바닷속에서 잠수복을 안 입으면 어떻게 될까?

따뜻한 동남아 국가로 여행을 가면 스노클링 장비를 착용하고 수면 아래 1, 2m 바다 밑을 구경할 수 있습니다. 이곳에서도 화려한 빛깔의 열대어가 탄성을 지르게 하지만 더 멋진 풍경을 보려면 수심 10m까지는 들어가야 합니다. 그러려면 반드시 잠수복을 입어야 합니다. 그냥 들어가면 왜 안 되는 걸까요?

깊은 바닷속으로 들어가기 위해서는 특수한 장비를 갖추고 스쿠버다이빙을 해야 합니다. 안전 교육을 받은 후 산소통을 메고 다이빙 복장을 착용하고 물속으로 잠수하게 됩니다. 산호초, 각종 열대어와 물고기 떼, 바다거북, 상어 등등이 가득한 물속 세계가 우리의 상상을 초월하는 멋진 모습을 보여 줍니다.

바닷속 모습을 보기 위해 특수 장비를 착용해야 하는 이유는 물속 **압력**★이 지상의 공기가 주는 압력인 대기압과 다르기 때문입니다. 물속으로 10m 더 들어갈수록 물의 압력이 1대기압씩 더 커집니다. 수면으로부터 10m 지점 사이에 있는 물의 무게 때문에 압력이 증가하는 것이지요. 쉽게 말해 10m 잠수하면 여러분 머리 위에 있는 물기둥 무게가 더 무거워지고 이 물기둥이 머리를 더 짓누르는 셈이 되어 압력이 증가합니다. 따라서 깊이 들어갈수록 물의 압력, 즉 수압이 증가합니다.

여기서 한 가지 주의할 점이 있습니다. **유체의 압력**★★은 물기둥을 이고 있는 머리에만 작용하는 것이 아니라 몸 전체에도 동일하게 작용한다는 것입니다. 왜냐고요? 머리에만 작용한다면 압력

★ **압력** 유체의 경우 힘 대신 압력을 사용한다. 유체가 담긴 밀폐된 용기의 벽을 힘을 주어 누를 때 힘을 벽면의 면적으로 나눈 값이 압력이다. 압력은 유체 전체에 전달되어 전체가 같은 압력을 받는다.

★★ **유체의 압력** 유체 속 깊이에 따라 압력이 변한다. 물속에서는 깊이 들어갈수록 압력이 증가하고 대기 속에서는 위로 올라갈수록 압력이 감소한다.

을 받아 몸이 아래로 이동하게 되겠지요. 하지만 몸이 물속에서 떠 있으므로 발이나 몸통에도 동일한 압력이 작용해야 합니다. 유체는 유체 속에 담긴 물체에 사방에서 동일한 압력을 작용합니다.

» 높아진 압력이 « 폐를 쪼그라뜨린다고?

1대기압 커지는 것이 무슨 큰일이냐 하겠지만 증가된 압력은 우리 몸을 조여 옵니다. 폐의 압력이 커지면 폐가 쪼그라들어 숨을 쉬기가 어려워집니다. 대기압보다 큰 압력의 압축 산소를 채운 산소통을 착용하고 숨을 쉬지 않으면 산소가 폐 안으로 들어오지 못합니다. 이제 10m에서 점차 20m, 30m, 40m 더 깊이 잠수하면 물의 압력이 2대기압에서 3, 4, 5대기압으로 증가하여 스쿠버다이빙 장비만으로는 호흡을 하기 곤란해집니다. 그럼 더 깊이 잠수하려면 어떻게 해야 할까요?

높이가 9,000m를 넘는 산은 없지만 깊이가 10,000m가 넘는 심해는 있습니다. 지구에서 가장 깊은 마리아나 해구는 깊이가 무려 11,034m나 된다고 합니다. 이곳의 수압은 상상을 초월해 모든 것을 납작하게 합니다. 그런데 이런 곳에서도 생물이 살고 있다니 참으로 신기합니다. 이 해구를 탐색하려면 높은 압력을 견딜 수 있도록 특수하게 제작된 심해 잠수정을 사용해야 합니다. 100m 이상 깊은 바닷속에서 작업하는 잠수부들이 사용하는 철제 헬멧과 철제 잠수복의 원리는 심해 잠수정의 원리와 같습니다. 몸이 짓눌리지 않고 자연스럽게 활동할 수 있도록 갑옷처럼 생긴 잠수복으로 몸을 보호합니다.

공기도 유체이므로 높이에 따른 압력 차이가 나타납니다. 예

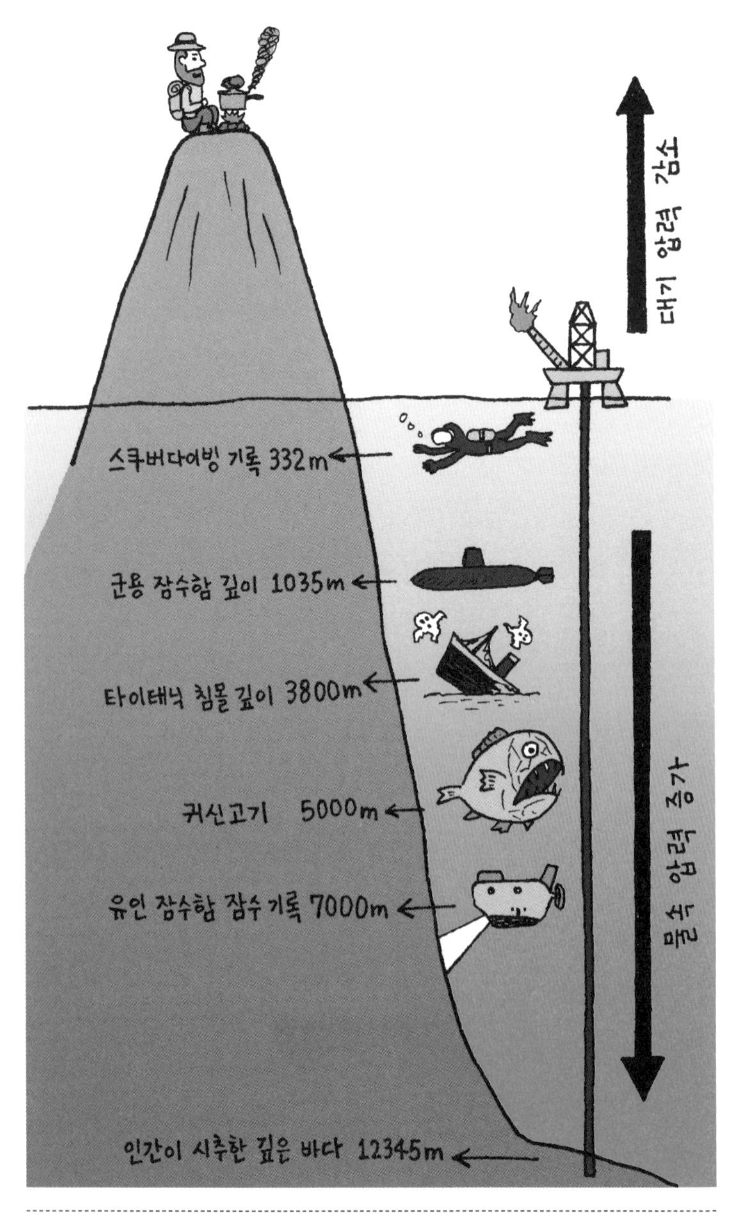

를 들면 지면에서의 대기 압력과 에베레스트산 정상의 대기 압력은 다릅니다. 높이 올라갈수록 머리에 이고 있는 공기 기둥이 줄어들기 때문에 대기 압력이 위로 올라갈수록 줄어듭니다. 또 공기의 밀도가 물의 밀도보다 1,000배 정도 작기 때문에 아주 높이 올라가야 대기 압력이 줄어드는 것을 실감할 수 있습니다. 에베레스트산 정상의 대기 압력은 지면 대기압의 1/3 정도밖에 되지 않습니다. 이는 대기 중의 산소가 지면에서의 1/3 정도에 지나지 않음을 말해 줍니다. 고산 등반을 하는 사람들이 산소통을 메는 것도 이 때문입니다. 고산병 역시 3,000m 이상의 지대에서 산소량이 대기 압력에 비례해 부족해지면서 나타나는 증세입니다.

» 산에 압력 밥솥을 « 갖고 갈 수 없을 땐?

예전에 산에 올라 밥을 할 때 종종 밥솥 뚜껑 위에 돌을 올려놓았습니다. 높이 오를수록 대기 압력이 줄어들기 때문입니다. 밥솥을 위에 놓고 불을 때면 밥이 되면서 뜨거운 수증기가 발생하여 밥솥 안의 압력이 증가합니다. 밥솥 안의 압력이 대기 압력보다 커지면 수증기가 밥솥 뚜껑을 밀어 올리고 밖으로 빠져나가 쌀이 충분히 익지 못합니다. 대기 압력이 낮은 산 위에서 이런 일이 잘 생겨 설익은 밥이 만들어집니다. 그런데 뚜껑 위에 돌을 올려놓으면, 밥솥 안의 압력이 증가하여 수증기가 쉽게 빠져나오지 못하면서 잘 익은 밥이 지어집니다. 집에서 사용하는 압력 밥솥은 수증기가 대기압보다 큰 압력에서 빠져나오는 것을 막기 위해 밀폐 장치를 붙인 밥솥입니다. 뜨거운 수증기가 보통 밥솥보다 더 오래 머물기 때문에 압력 밥솥으로 음식을 더 빨리 조리할 수 있습니다.

12

낙차 큰 커브 볼은 어떻게 던질까?

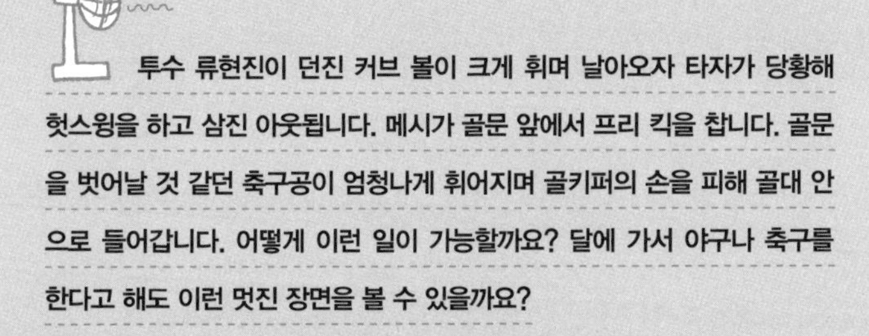

투수 류현진이 던진 커브 볼이 크게 휘며 날아오자 타자가 당황해 헛스윙을 하고 삼진 아웃됩니다. 메시가 골문 앞에서 프리 킥을 찹니다. 골문을 벗어날 것 같던 축구공이 엄청나게 휘어지며 골키퍼의 손을 피해 골대 안으로 들어갑니다. 어떻게 이런 일이 가능할까요? 달에 가서 야구나 축구를 한다고 해도 이런 멋진 장면을 볼 수 있을까요?

휘는 야구공이나 축구공의 마술은 모두 유체인 공기, 즉 대기가 존재하기 때문입니다. 달에 가서 우주복을 입고 야구나 축구를 하면 대기가 없기 때문에 커브 볼이나 휘는 프리 킥을 볼 수 없습니다. 도대체 대기가 어떻게 공의 움직임을 휘게 할 수 있을까요?

대기 속에서 공이 회전을 하며 이동하면 공이 이동하는 방향과 수직 방향으로 힘을 받아 공이 곡선을 그리며 움직이는 현상이 나타납니다. 독일의 물리학자 마그누스가 이것을 실험으로 입증하여 이 현상을 **마그누스 효과**★라고 부릅니다.

》 유체의 속도가 커지면 《 압력은 작아져

투수가 야구공을 지면과 수평하게 회전 없이 던지면 관성에 의해 야구공은 타자를 향해 수평으로 날아갑니다. 이게 직구입니다. 그런데 투수가 공을 손에서 놓을 때 손목을 비틀어 공에 회전을 주면 마그누스 효과에 의해 공이 타자를 향해 날아가다가 홈 플레이트 앞에서 크게 옆이나 아래로 휘는 커브 볼이 됩니다. 어느 방향으로 회전을 주느냐에 따라 휘는 방향이 결정됩니다. 투수가 커브 볼이나 직구를 던지는 동영상을 슬로 모션으로 관찰하면 그 차이를 쉽게 알 수 있습니다.

메시의 프리 킥에도 동일한 원리가 적용됩니다. 동영상을 잘 보면 축구공을 찰 때 발로 공에 크게 회전을 주는 것을 알 수 있습니다.

스위스의 물리학자 베르누이는 마그누스 이전에 유체에서 나타나는 다양한 현상을 설명할 수 있는 **베르누이의 정리****를 발견하였습니다. 유체의 속도는 유체의 압력과 관련이 있어서 '유체의 속도가 커지면 압력은 작아진다'는 원리입니다.

베르누이 정리를 커브 볼에 적용해 보도록 하지요. 그림처럼 야구공이 시계 방향으로 회전하면서 오른쪽으로 이동한다고 가정해 봅시다. 야구공 주위의 대기는 야구공의 회전에 의해 흐름 속도가 작아지기도(공의 위쪽) 커지기도(공의 아래쪽) 합니다. 공 위쪽의 속도가 작은 곳은 베르누이의 정리에 의해 압력이 커지는 반면, 아래쪽 속도가 큰 곳에서는 압력이 작아집니다. 따라서 공을 위에서 아래로 미는 압력이 공을 아래에서 위로 밀어 올리는 압력보다 커져 공을 아래로 휘게 합니다. 다시 말해 공을 시계 방향으로 회전시켜 던지면 공이 타자 앞에서 아래로 휘게 됩니다. 만약 공을 시계 반대 방향으로 회전하도록 던지면 당연히 공이 위로 뜨게 되겠지요. 이것이 바로 커브 볼이 보여 주는 마그누스 효과입니다.

》바람은《 죄가 없다고?

화초에 물을 주거나 다림질할 때 사용하는 분무기 역시 베르누이의 정리를 응용한 장치입니다. 분무기 손잡이를 누르면 공기가 빠른 속도로 대롱으로 이동합니다. 대롱 위쪽의 공기 흐름 속도가 빠르므로 압력이 크게 낮아져 물통에 있는 물이 위로 이동하고 작은 물방울이 되어 분무가 됩니다. 분무기가 없다면 물통에 대롱을

★ **마그누스 효과** 유체 속에서 회전하는 물체가 이동할 때 물체가 원래 운동 방향으로부터 휘는 현상

★★ **베르누이의정리** 유체의 흐름 속도가 큰 곳에서 유체의 압력이 줄어든다.

꽂고 대롱 끝에 센 입김을 불어 보세요. 이렇게 해도 대롱 끝 압력이 낮아져 분무가 됩니다. 어렵지 않은 실험이니 집에서 한번 해 보기 바랍니다.

산간 지역에서 강한 돌풍이 불면 지붕 위 기와가 날아가지 않도록 밧줄로 기와를 묶어 놓은 사진을 본 적 있나요? 기와를 날리는 것이 단순히 바람의 힘일까요? 아닙니다. 집 안과 지붕 위쪽의 압력 차이 때문입니다. 이 역시 베르누이의 정리로 설명할 수 있습니다. 지붕을 지나는 빠른 속도의 돌풍은 지붕 위쪽의 압력을 크게 감소시킵니다. 반면 집 안의 공기는 이동하지 않기 때문에 집 안 압력은 대기압입니다. 집 안 압력과 지붕 압력의 차이 때문에 지붕을 위쪽으로 미는 힘이 나타납니다. 이상하게 들릴지 모르지만 돌풍이 아니라 대기압이 지붕을 날리는 것이라고 할 수 있습니다.

13

보온병과 우주선의 공통점은?

추운 겨울날 공원으로 산책을 나갑니다. 걷다가 다리가 아파 길가의 나무 의자에 앉습니다. 무심코 의자 등받이에 손을 뻗다 금속으로 된 장식물에 닿자 깜짝 놀랍니다. 나무 의자와 달리 너무 차가웠기 때문입니다. 금속은 원래 나무보다 차가운가요?

많은 사람이 이처럼 금속이 나무보다 차갑다고 생각합니다. 하지만 금속이 나무보다 차갑다고 하는 것은 맞기도 하고 틀리기도 합니다. 의자의 금속 장식물과 나무 가운데 어느 것이 더 차가운가 하는 것은 두 물체의 온도[★]와 관련이 있습니다. 온도계를 사용해 의자의 금속과 나무의 온도를 측정해 보면 상식과 달리 온도는 동일합니다. 인정하기 어려우면 직접 온도계를 들고 나가 실험을 해 보면 됩니다.

찬 금속 용기에 뜨거운 물이 담긴 것을 상상하면 이해하기 쉽습니다. 시간이 한참 지나면 뜨거운 물은 찬 금속에 열에너지를 빼앗겨 온도가 낮아지고, 반대로 금속 용기는 뜨거운 물로부터 열에너지를 얻어 온도가 높아집니다. 물과 금속 용기의 온도가 같아지면 더 이상 주고받을 열에너지가 사라져 온도가 더 이상 변화하지 않게 됩니다.

» 열에너지는 높은 데서 « 낮은 데로 이동해

공원 의자의 금속과 나무 역시 동일한 원리가 적용됩니다. 여기에는 찬 대기도 관계가 됩니다. 세 물체의 온도가 다르면 온도가 높은 물체에서 낮은 물체로 열에너지가 이동합니다. 예를 들어 낮

★ **온도** 접촉하고 있는 두 물체 사이에서 열에너지의 이동이 멈추면 두 물체의 온도는 같다.

동안에는 기온이 올라 의자의 금속과 나무의 온도가 높습니다. 밤 동안에는 기온이 낮아져 대기가 차가워지면 의자의 온도가 대기 온도와 같아질 때까지 금속과 나무에서 열에너지를 빼앗습니다. 결국 금속과 나무의 온도가 대기 온도와 같아지기 때문에 온도계의 눈금은 같게 나옵니다.

그런데 손으로 만질 때 온도가 같은 금속이 나무보다 더 차갑게 느껴지는 것은 왜일까요? 손에서 열에너지를 빼앗는 정도가 금속이 나무보다 아주 크기 때문입니다. 물리학에서 온도가 서로 다른 물질을 접촉시킬 때 1초 동안 이동하는 열에너지의 크기를 **열전도율**★이라고 부릅니다. 온도가 높은 손으로 온도가 낮은 의자의 금속이나 나무를 만지는 행위는 접촉에 해당합니다. 그러면 열에너지가 따뜻한 손에서 차가운 금속이나 나무로 이동합니다. 이 때 손에서 금속의 온도를 높이기 위해 이동하는 열에너지가 나무의 온도를 높이기 위해 이동하는 열에너지보다 훨씬 큽니다. 그 결과 금속과 접촉했을 때 손의 온도가 훨씬 빨리 내려가고 이 때문에 우리는 금속이 더 차갑다고, 즉 금속의 온도가 나무의 온도보다 낮다고 착각을 하게 됩니다.

물체 접촉에 의해 열에너지를 전달하는 열전도는 물리학뿐만 아니라 공학에서도 아주 중요합니다. 우주선이 지구로 진입할

★ **열전도율** 열전도는 접촉하고 있는 두 물체 사이에서 열에너지가 이동하는 현상이며, 열전도율은 얼마나 빨리 열에너지가 이동하는지를 알려 준다.

때 대기와 우주선의 마찰에 의해 엄청난 열에너지가 발생합니다. 이 열에너지가 우주선으로 전달되어 우주선 온도를 높이게 되면 우주선이 폭발할 수도 있습니다. 열에너지를 차단하기 위해서는 우주선을 열전도율이 아주 낮은 물질로 감싸야 합니다.

》보온병과 우주선의《 공통점

열전도를 낮추기 위한 방법은 여러 가지가 있습니다. 가장 손쉬운 방법은 보온병의 원리처럼 두 물체 사이를 공기로 차단하는 것입니다. 보온병의 내부를 공기로 둘러싸면 내부에 있는 뜨거운 물의 열에너지가 공기를 통해 외부로 전달됩니다. 그런데 공기는 열전도율이 낮아서 열에너지가 아주 느리게 외부로 전달되기 때문에 뜨거운 물의 온도가 오랫동안 유지될 수 있습니다.

우주선의 경우 공기만으로 열에너지의 이동을 막기에는 부족합니다. 그래서 열전도율이 극히 낮은 물질인 '에어로젤'을 사용합니다. 현대에 들어와 자연에 존재하지 않는 새로운 물질을 개발하는 기술이 크게 발달했는데, 에어로젤은 90% 이상이 공기로 이루어진 아주 가벼운 물질입니다. 1밀리미터(mm) 두께의 에어로젤 한쪽 면에 손바닥을 대고 반대쪽 면에 불꽃을 갖다 대도 손바닥에 전혀 열기가 느껴지지 않을 정도로 열전도율이 낮습니다. 이런 물질로 우주선 표면을 감싸면 아주 높은 온도에서도 우주선이 견딜 수 있습니다.

추운 지방에서 차가운 물체를 손으로 만지는 것은 고통스럽습니다. 물기가 있는 손으로 쇠붙이를 만지면 그 순간 물이 얼면서 손이 금속에 달라붙어 잘 떨어지지 않게 됩니다. 여름에 냉장고에서 갓 꺼낸 얼음을 입에 넣었다가 혀가 얼음에 달라붙는 고통을 경험한 사람이라면 잘 알 것입니다. 무슨 좋은 방법이 없을까요? 열전도율이 낮은 물질로 찬 물체의 표면을 씌우면 됩니다. 열전도율이 낮은 스티로폼이나 플라스틱으로 씌우면 손으로 찬 물체를 잡더라도 열에너지를 빼앗기는 정도가 작아 안전합니다. 뜨거운 음료를 담는 종이컵에 끼우는 골판지나 스티로폼 커버는 이런 원리를 이용한 것입니다.

14

에어컨 없이 방을 시원하게 하는 방법은?

여름에 운동장에서 달리기를 하면 차츰 체온이 높아지면서 몸에서 땀이 나기 시작합니다. 바람이 불어 땀이 증발할 때마다 몸이 시원해집니다. 왜 땀이 증발하면 몸이 시원해지는 걸까요? 더운 여름날 에어컨을 켜면 시원한 바람이 나와 더운 방 안과 몸을 식혀 줍니다. 땀의 증발과 에어컨은 어떤 관계가 있나요?

우리 주변에 있는 물질은 고체나 액체, 기체 상태로 바뀔 수 있습니다. 예를 들면 액체인 물이 고체인 얼음과 기체인 수증기로 바뀔 수 있습니다. 잘 알고 있듯이 물질을 한 상태에서 다른 상태로 변화시키려면 온도를 변화시키면 됩니다. 물을 냉장고에 넣어 냉각시키면 물이 열에너지를 빼앗겨 얼음이 됩니다. 또 물을 전기 포트에 넣고 끓이면 수증기로 변합니다. 물을 구성하는 물 분자가 가진 에너지는 기체인 수증기가 가장 크고 다음으로 액체인 물, 그리고 고체인 얼음이 가장 낮습니다.

» 땀이 에너지를 « 얻는 곳은?

몸에서 난 땀이 증발하는 것은 액체가 기체로 변하는 대표적인 기화 현상입니다. **기화**★는 열에너지가 작은 액체 분자가 열에너지가 큰 기체 분자로 변하는 현상입니다. 에너지는 공짜가 없기 때문에 작은 에너지를 가진 분자가 큰 에너지를 갖기 위해서는 어디선가 에너지를 빌려 와야 합니다. 예를 들면 전기 포트 속의 물이 끓어 기체인 수증기가 될 때 물 분자는 전열기에서 에너지를 얻어 수증기 분자로 변합니다. 그럼 땀이 증발하려면 어디에서 에너지를 빌

★ **기화** 액체가 기체로 바뀌는 현상. 기화가 일어날 때 주위로부터 에너지를 빼앗기 때문에 주위의 온도가 낮아진다.

려 올까요? 달리기로 달아오른 우리 몸에서 에너지를 얻겠지요. 땀 분자는 우리 몸에서 열에너지를 얻어 증발이 되고 몸은 열에너지를 잃게 되어 체온이 낮아집니다. 바람이 불면 땀의 증발이 더 활발히 일어나기 때문에 시원함이 커집니다.

기막힌 자연의 조화 덕분에 더운 여름에 운동을 하더라도 우리 몸의 온도를 일정하게 유지할 수 있습니다. 하지만 운동을 하면서 물을 충분하게 마시지 않으면 땀이 잘 나지 않아 체온이 높아질 수 있으니 자주 물을 마시는 게 좋습니다.

에어컨 역시 액체가 기체로 변화하는 기화 현상을 통해 방 안 온도와 사람의 체온을 낮춰 줍니다. 에어컨은 물이 아닌 특수 냉매를 사용해 기화 현상을 일으킵니다. 이 냉매는 평상시 기체 상태로 존재합니다. 높은 압력을 가진 압축기로 냉매를 압축하면 기체 상태의 냉매가 액체가 됩니다. 액체 냉매의 압력을 낮추면 액체가 급격히 팽창하면서 기화가 일어나고 이 과정에서 주위 공기로부터 열에너지를 크게 빼앗아 냉방을 하게 됩니다. 땀이 증발하면서 시원해지는 것이나 에어컨으로 냉방을 하는 것 모두 기화를 통해 열에너지를 빼앗아 온도를 낮추는 동일한 원리가 적용됩니다.

물은 100℃에서 끓으면서 기화가 일어나 수증기로 변합니다. 기체인 수증기 분자가 가진 에너지는 액체인 물 분자가 가진 에너지보다 훨씬 큽니다. 물이 끓을 때 생기는 100℃ 수증기 분자들이 피부에 닿으면 수증기 분자가 가진 열에너지가 피부에 전달됩니다. 조심하지 않으면 화상을 입을 수 있습니다. 물이 끓는 냄

비 뚜껑을 열거나 밥이 다 된 밥솥 뚜껑을 열 때 손이 수증기에 노출되지 않도록 주의해야 합니다.

》에어컨 없이《 냉방을 하는 다양한 방법

물의 고체 상태는 얼음입니다. 물을 얼리려면 냉장고에 넣어야 하지요. 냉장고는 물 분자에서 열에너지를 빼앗아 얼음을 만듭니다. 따라서 얼음 분자의 에너지는 물 분자의 에너지보다 작습니다. 얼음 같은 고체가 녹아 물과 같은 액체가 되는 것을 액화*라고 합니다. 액화가 일어나려면 기화처럼 주변으로부터 열에너지를 빼앗아야 합니다. 그러므로 기화처럼 액화를 이용해서 온도를 낮출 수도 있습니다. 얼음을 피부에 대면 얼음이 녹으면서 피부가 차가워지는 것이 좋은 예입니다.

더운 여름날 에어컨 없이 집을 시원하게 하려면 어떻게 해야 할까요? 강렬한 햇빛을 가릴 그늘막을 설치하는 것도 한 가지 좋은 방법이지요. 또 다른 방법은 호스를 사용해 마당에 물을 뿌리는 것입니다. 시간이 지나면 물이 기화합니다. 이때 물이 주변 공기로부터 에너지를 빼앗아 수증기가 되면서 대기 온도를 낮추어

★ **액화** 고체가 액체로 바뀌는 현상. 액화가 일어날 때도 주위로부터 에너지를 빼앗기 때문에 주위의 온도가 낮아진다.

시원하게 합니다. 에어컨이 없었던 때 여러분의 할아버지와 할머니들께서 많이 사용했던 방법입니다. 요즘 같으면 얼린 생수병을 방 안에 놓아두는 것도 냉방을 하는 한 가지 방법이겠지요.

아르키메데스의 부력 실험

나는 그리스 과학자 아르키메데스입니다. 내가 변태 바바리맨이라고요? 절대 아닙니다. 바바리맨은 때와 장소를 가리지 않지만

저는 때와 장소를 가립니다. 예를 들면 왕이 왕관이 순금인지 은이 섞인 것인지 녹이지 않고 알아내라고 할 때

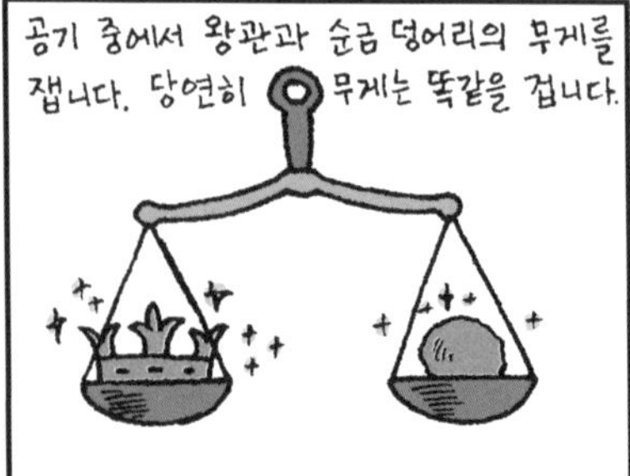

이번에는 왕관과 순금 덩어리에 줄을 매달아 물속에서 무게를 잽니다.
물속에서는 왕관과 순금 덩어리의 무게가 달랐습니다. 바로 부력 때문이죠.

자 순금보다 은의 무게가 가벼우니까 순금 왕관과 무게가 같게 만들려면 은이 많이 들어가고 왕관이 커지겠지요.

순금 왕관
은이 섞인 왕관

물속에서는 부피가 클수록 부력을 많이 받습니다. 그러므로 은이 섞인 왕관이 더 가볍죠.
부력
부력

잠깐 전쟁에서 이길 수 있는 강력한 무기를 개발해 주시오.
저는 이만 가 보겠습니다.
아야 아~ 살려 줘~

가만 태양 빛을 이용해 큰 거울로 적들의 배를 태워 버리면

유레카!
유레카!
유레카! 하하하~
아야
다시 말하지만 저는 변태 바바리맨이 아닙니다.

3장

전기와 자기는 짝꿍이야

15

왜 천둥과 번개는 붙어 다닐까?

짙은 구름이 몰려와 하늘이 갑자기 어두워지더니 폭우가 쏟아지면서 천둥과 번개가 칩니다. 누구나 경험하는 일로 천둥과 번개가 동시에 일어날수록 더 겁이 납니다. 천둥과 번개는 대체 왜 함께 다니는 걸까요?

고대 그리스 신화 속 최고 신인 제우스는 왼손에 번개를 들고 있다가 나쁜 짓을 저지르는 인간이나 적이 나타나면 번개를 날려 벌합니다. 고대 사람들에게 번개는 엄청난 공포의 대상이었죠. 번개에 맞아 타 죽은 나무를 보면 번개가 얼마나 큰 위력을 가졌는지 알 수 있었으니까요. 고대 사람들은 인간이 아닌 신만이 이런 파괴력을 가진 무기를 가졌으리라 생각하고 두려워했습니다. 엄청난 위력을 가진 천둥과 번개가 왜 생기는지 몰랐던 터라 공포심을 갖는 것은 당연하겠죠. 하지만 신의 징벌과는 전혀 상관이 없는 자연 현상이라는 것을 과학적으로 밝힐 수 있다면 더 이상 두려워할 필요가 없습니다.

» 번개가 « 전자 때문에 생긴다고?

번개는 **전하**★와 관계가 있습니다. 전하는 번개 같은 전기 현상의 원인이 됩니다. 전하는 물체의 질량처럼 물체가 가진 한 가지 속성입니다. 전하가 무엇인지 물리학적으로 밝히기까지 오랜 시간이 걸렸습니다. 혹시 미국의 벤저민 프랭클린의 연날리기 실험을 알고 있나요?

　지금으로부터 250여 년 전, 프랭클린은 번개가 치는 날 연을

★ **전하** 모든 전기 현상의 원인. 실제로는 원자 속 전자가 이동하여 전하가 나타난다.

날립니다. 번개가 치자 연줄을 잡은 손에 짜릿함이 느껴졌습니다. 프랭클린은 전하가 연줄을 타고 번개 구름에서 손으로 이동했기 때문이라고 생각하고, 전하 때문에 번개가 만들어진다고 주장했습니다. 하지만 전하는 눈에 보이지 않기 때문에 그게 정확히 무엇인지는 알지 못했습니다.

1900년대에 들어와 과학자들이 원자에 대해 연구하기 시작합니다. 원자는 작은 태양계처럼 생겼습니다. 태양의 위치에 무거운 원자핵이 자리 잡고 행성처럼 가벼운 전자들이 원자핵 주위를 공전합니다. 전자들은 외부에서 약간의 에너지만 얻어도 원자에서 쉽게 떨어져 나갑니다. 물체가 전하를 갖는 것은 물체를 구성하고 있는 수많은 원자로부터 손쉽게 전자들이 떨어져 나가고, 다른 물체로부터 떨어져 나온 전자들을 받아들이기 때문입니다. 전자는 음(-)전하를 갖기 때문에 전자가 떨어져 나간 물체는 양(+)전하를 갖게 됩니다. 반대로 전자를 받아들인 물체는 음전하를 가지게 됩니다. 놀랍지 않은가요? 인간이 번개를 본 것은 수만 년 전부터인데 정작 번개가 전자 때문에 생긴다는 사실을 알게 된 것은 100년 정도밖에 되지 않습니다. 이런 사실을 알고 있다는 것만으로도 여러분은 자부심을 가져도 좋습니다. 이후 물리학자들은 실험을 통해 양전하와 음전하는 서로 끌어당기고, 양전하와 양전하 또는 음전하와 음전하는 서로 미는 **전기력**★이 작용한다는 사실도 발견합니다.

» 정전기는 «
왜 생기는 걸까?

전자는 물체에서 쉽게 떨어져 나가기 때문에 물체가 전하를 갖게 하는 손쉬운 방법은 두 물체를 서로 마찰시키는 것입니다. 플라스틱이나 유리 막대를 털가죽에 문지르면, 즉 마찰시키면 털가죽으로부터 전자가 막대로 이동하여 털가죽은 양전하, 막대는 음전하를 가지게 됩니다. 이렇게 전하가 생기는 것을 **마찰 전기**★★ 또는 정전기라고 부릅니다. 대기 속의 먼지들이 날아다니다가 물체 표면과 충돌할 때도 마찰 전기가 발생합니다. 특히 대기가 건조한 겨울날, 문 손잡이를 잡거나 옷을 벗다가 딱 소리와 함께 손끝이 따끔한 적이 있을 거예요. 이런 건 모두 정전기 때문입니다.

구름과 구름 사이, 구름과 지표면 사이에서 발생하는 번개도 일종의 마찰 전기가 일으키는 현상입니다. 번개 구름이 만들어지면 마찰 전기에 의해 엄청난 양의 음전하가 구름 아래로 이동합니다. 이 음전하가 다른 구름이나 지표면의 양전하를 끌어당깁니다. 너무 많은 양의 음전하와 양전하가 쌓이게 되면 대기가 더 이상 견디지 못하고 음전하와 양전하가 만나는 통로를 열어 주는데 그

★ **전기력** 전하 사이에 작용하는 힘. 같은 부호의 전하끼리는 밀고 다른 부호의 전하끼리는 끌어당긴다.

★★ **마찰 전기** 물체가 접촉할 때 전자가 이동하여 전하를 띄게 되는 현상

것이 바로 번개입니다. 엄청난 양의 전하들이 이동하면서 대기와 충돌하게 되어 빛(번개)과 열에너지를 방출합니다. 이 열에너지는 주위 대기를 팽창시켜 어마어마한 소리를 만드는데 그것이 천둥입니다. 따라서 번개와 천둥은 항상 따라다닙니다.

북유럽의 신화에 등장하는 토르가 나오는 영화가 최근 큰 인기를 끌었습니다. 잘 알고 있듯이 북유럽의 신 토르가 사용하는

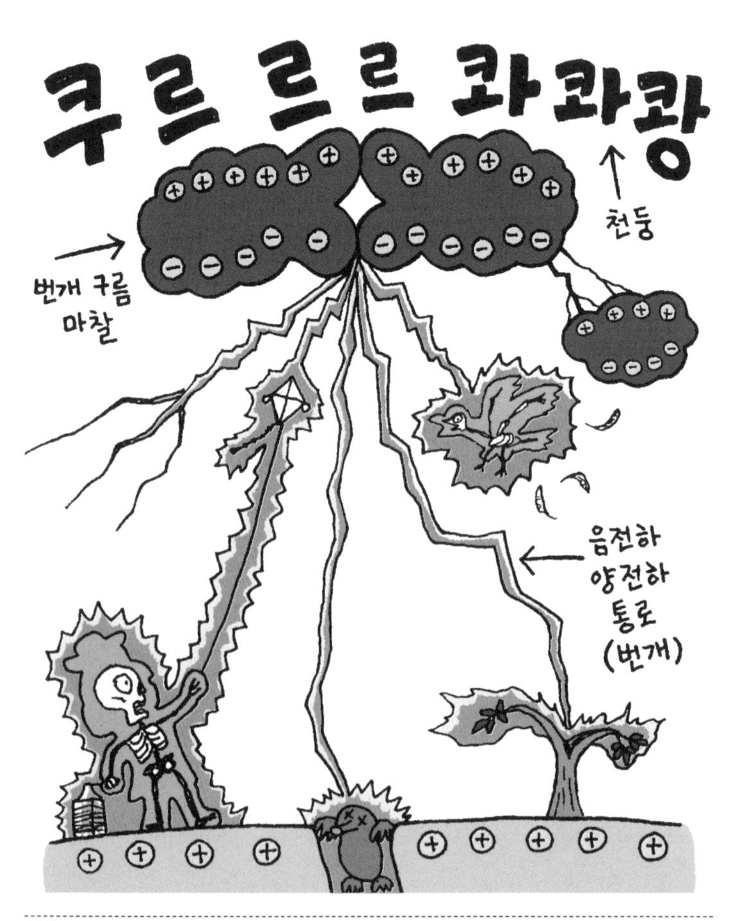

무기는 망치입니다. 토르가 망치를 날려 적을 제압하는 장면은 보기만 해도 통쾌합니다. 이제 토르가 인간을 위협하는 적들을 없애기 위해서 천둥을 치는 거라고 말하는 사람이 있다면 뭐라고 말하겠습니까?

16

정전이 되면 자이로드롭은 땅에 떨어질까?

놀이공원에서 가장 인기 있는 놀이 기구 가운데 하나는 단연 자이로드롭입니다. 100미터 가까운 높이의 탑에서 수직으로 떨어지는 속도감과 짜릿함은 비교할 상대가 없습니다. 하지만 자이로드롭이 지면에 닿을 때 정지하지 못한다고 생각하면 오싹해집니다. 혹시 정전이 되기라도 하면요? 도대체 자이로드롭은 어떻게 안전하게 멈추는 걸까요?

자이로드롭을 승강기처럼 전기 장치로 정지시킨다고 하면 정전이 되었을 때 그야말로 큰일이 나겠지요? 그래서 자이로드롭은 전기를 사용해 멈추면 안 됩니다. 자이로드롭은 놀랍게도 자석을 이용해 멈춥니다. 문구점에서 쉽게 살 수 있는 말굽자석이나 막대자석 같은 영구 자석 말이지요.

자석을 보면 파란색과 빨간색이 칠해져 있습니다. 보통 빨간색 부분을 엔(N) 극 또는 북극, 파란색 부분을 에스(S) 극 또는 남극이라고 합니다. 막대자석을 물에 띄웠을 때 N극이 지도상에서 북쪽을, S극이 남쪽을 가리키기 때문에 지구의 북극과 남극에서 이름을 따서 그렇게 부릅니다. 영구 자석 외에 전자석도 있습니다. 전선을 원통 모양으로 감고 전지를 연결하면 전선에 전류가 흐르면서 영구 자석처럼 다른 자석을 끌거나 미는데 이것을 '전자석'이라고 부릅니다.

앞서 번개에 관한 설명에서 같은 부호의 전하끼리는 미는 전기력이, 다른 부호의 전하끼리는 끌어당기는 전기력이 작용한다고 했습니다. 자석의 극 사이에도 전기력과 비슷한 성질을 가진 **자기력**★이 작용합니다. 한 자석의 N극과 다른 자석의 S극을 가까이 하면 두 자석이 서로 끌어당깁니다. 반면 한 자석의 N극과 다른

★ **자기력** 자석의 극 사이에 작용하는 힘. 같은 부호의 극끼리는 밀고 다른 부호의 극끼리는 끌어당긴다.

자석의 N극, 또는 한 자석의 S극과 다른 자석의 S극을 가까이 하면 두 자석이 서로 밀어 멀어지려고 합니다.

» 자이로드롭 의자에 « 자석이 붙어 있다고?

자이로드롭은 전기의 힘으로 의자를 지면에서부터 서서히 꼭대기까지 들어 올립니다. 잠시 멈춰 경치를 구경하게 했다가 갑자기 떨어뜨리지요. 이때 줄이 끊어진 승강기처럼 떨어지면서 2, 3초 동안 무중력 상태를 경험할 수 있습니다. 이제 지면에 가까워지면 전기의 힘을 빌리지 않고 의자를 정지시켜야 합니다.

한 가지 방법은 자이로드롭 의자에 강력한 자석을 붙이고 지면에도 역시 강력한 자석을 설치하는 것입니다. 실제로 자이로드롭 의자 뒤에는 긴 말굽자석이 붙어 있습니다. 두 자석의 극이 같게 설치되어 있으면 두 자석의 강한 자기 반발력으로 자이로드롭을 멈출 수 있겠지요. 하지만 이 방법보다 더 효과적인 방법이 있습니다. 지면에 자석을 설치하는 대신 수직 탑의 아래쪽에 기다란 금속판을 세우면 이 금속판이 의자의 자석을 밀치는 자석 구실을 하여 급제동을 하게 합니다.

구리나 철 같은 금속에 자석을 떨어뜨리면 금속에 전류가 발생하여 자석 같은 구실을 한다는 것을 처음 발견한 사람은 영국의 물리학자 패러데이입니다. 1800년대 중반 패러데이는 전기와 자기에 관한 여러 가지 실험을 하다가 이 현상을 발견하였는데, 이

것을 전자기 유도* 현상이라고 부릅니다.

자이로드롭의 경우 떨어지는 의자의 영구 자석이 금속판에 가까워지면, 금속판에 원형의 전류가 유도됩니다. 전자석에 흐르는 전류가 자기를 만드는 것처럼 금속판에 유도된 전류 역시 자기를 만듭니다. 그리고 유도된 전류의 자기가 의자에 붙은 영구 자

★ **전자기 유도** 자석의 자기에 의해 금속에 전류가 유도되는 현상

석의 자기와 반대인 극성을 가지므로 의자의 속도를 줄이는 자기력이 생겨납니다. 결국 이 자기력이 자이로드롭의 속도를 급격히 줄이는 브레이크 구실을 하는 셈입니다. 이 방법은 경제적으로 비용이 덜 들고 아주 효과적입니다. 자연 현상에 이런 오묘한 이치가 있다는 것도 신기하지만, 이런 방법을 발견해 우리에게 자이로드롭의 재미를 주는 사람들의 능력도 대단합니다.

》올라갈 때는 금속판이《 왜 가만있을까?

이제 자이로드롭이 왜 안전한지 알아보았습니다. 혹시 자이로드롭이 올라갈 때는 왜 떨어질 때처럼 금속판이 브레이크 구실을 하지 않는지 궁금하지 않나요? 답은 자이로드롭이 올라갈 때와 떨어질 때의 속도 차이에 있습니다. 올라갈 때는 시속 1~2km의 느린 속도로 이동하지만, 떨어질 때는 거의 시속 100km의 아주 빠른 속도로 이동합니다. 속도가 너무 느리면 금속판에 유도되는 전류가 너무 작아 자석 구실을 하지 못합니다. 따라서 자이로드롭이 올라갈 때 금속판은 전혀 브레이크 구실을 하지 않지만 빠른 속도로 떨어질 때 브레이크 작용을 하여 안전하게 멈추도록 도와줍니다.

17

1.5볼트 건전지는 왜 크기가 여러 가지일까?

1.5볼트 건전지를 사러 마트에 갔더니 아주 가는 원통 모양(AAA형), 가는 원통 모양(AA형), 굵은 원통 모양(C형), 아주 굵은 원통 모양(D형) 등 여러 종류가 있어 어느 것을 사야 할지 헷갈렸습니다. 점원에게 차이가 무엇인지 물어보았지만 별게 다 궁금하네 하는 표정입니다. 왜 건전지 크기가 여러 가지일까요? 만약 AAA형 건전지를 사용하는 전자 기기에 다른 크기의 건전지를 사용하면 고장이 날까요?

답부터 말하자면 전압, 즉 1.5볼트(v)만 같으면 어떤 모양의 건전지를 사용해도 문제가 없습니다. 낱개 가격은 더 비싸지만 굵은 건전지 한 개를 사용하는 것이 가는 건전지 여러 개를 사용하는 것보다 경제적입니다. 하지만 AAA형 건전지를 사용하는 TV 리모컨 같은 전자 기기에 D형 건전지를 연결하려면 전선과 테이프를 사용해야 하므로 보기에 좋지 않지요.

전압만 같으면 아무거나 사용해도 되는 이유를 이해하기 위해 우선 건전지의 역할이 무엇인지 살펴봅시다. 건전지는 리모컨이나 노트북 같은 전자 기기에 전기 에너지를 공급하는 전원의 한 종류입니다. 세탁기나 TV 같은 큰 전자 기기들은 보통 220볼트 가정용 전기를 사용하는데, 건전지와 다르지만 이 역시 전원의 역할을 합니다. 건전지, 충전용 전지, 가정용 전기 모두 연결된 전자 기기에 전기 에너지를 공급한다는 점에서 모두 전원이라고 부릅니다.

» 건전지가 굵을수록 «
에너지가 커

전자 기기에 전원을 연결하여 전기 에너지를 공급하면 기기 속 전자들이 이 에너지를 받아 기기 속에서 움직이게 되는데 이것을 **전류**★(단위 암페어 A)라고 부릅니다. 다시 말해 전류는 전자들의 흐름을 의미합니다. 전원을 연결하면 계속해서 전기 에너지가 공급되기 때문에 전류가 계속해서 흐르게 됩니다.

건전지는 전지 내부에 들어 있는 화학 물질이 반응하면서 전기 에너지를 공급합니다. 가정용 전기는 발전소에서 생산한 전기 에너지를 공급합니다. 1.5볼트 건전지의 경우 굵을수록 전기 에너지를 공급하는 화학 물질의 양이 많기 때문에 더 많은 전기 에너지를 공급할 수 있습니다. 따라서 굵은 건전지가 가는 건전지보다 비쌀 수밖에 없습니다. 건전지를 오래 사용하면 건전지의 화학 반응이 끝나 더 이상 전기 에너지를 공급하지 못하게 됩니다. 그러면 전자 기기에 전류가 흐르지 않게 되어 전자 기기가 작동을 하지 않습니다. 새 건전지로 갈아 주어야 하지요.

전원이 얼마만큼의 전기 에너지를 각각의 전자에 공급하는지 알려 주는 것이 **전압**★★(단위 볼트 V)입니다. 전압이 클수록 전자에게 더 많은 전기 에너지를 공급할 수 있겠지요. 하지만 위 질문에서처럼 전자 기기에 1.5볼트 전압의 전원을 연결하면 나오는 전류는 모두 같기 때문에 어느 전원이든지 괜찮습니다. 따라서 1.5볼트 건전지면 어떤 굵기라도 상관없이 사용할 수 있습니다.

전원이 전자 기기에 공급하는 전기 에너지는 매초 공급되는 전류에 전압을 곱한 값인데 이를 **전력**★★★(단위 와트 W)이라고 부릅니다. 전자의 입장에서 보자면 1초 동안 전자 기기에서 이동하는

★ **전류** 전원에 연결된 전자 기기의 전자들이 이동하는 것
★★ **전압** 전원이 얼마만큼의 전기 에너지를 각각의 전자에 공급하는지 알려 준다.
★★★ **전력** 전원이 전자 기기에 매초 공급하는 전기 에너지

모든 전자가 전원으로부터 얻는 에너지가 됩니다. 예를 들어 1.5볼트 건전지를 꼬마전구에 연결하면 전구에 1암페어의 전류가 흐른다고 가정해 봅시다. 그러면 전구는 매초 1.5볼트×1암페어의 전기 에너지를 소모하여 빛을 내게 되고, 우리는 전구가 1.5와트의 전력을 소모한다고 이야기합니다.

» 전압이 다른 «
전지를 사용하면?

전자 기기가 소모하는 전력이 클 경우, AAA형 건전지처럼 작은 전기 에너지를 가진 전원은 전자 기기에 오래 전류를 흘릴 수 없습니다. 반면 굵은 건전지는 더 많은 전기 에너지를 갖고 있기 때문에 더 오래 전류를 공급할 수 있습니다. TV 리모컨은 사용하는 시간이 짧아 에너지가 작은 AAA형 건전지를 사용해도 오랫동안 쓸 수 있지만 손전등처럼 계속해서 사용하는 기구에 AAA형 건전지를 사용하면 얼마 지나지 않아 건전지 에너지가 떨어져 불이 들어오지 않게 됩니다. 이런 이유로 손전등에는 가는 AAA형보다 굵은 C형이나 D형을 씁니다.

가정용 전기처럼 발전소에서 전기 에너지를 공급할 경우 계속해서 여러 전자 기기에 전류를 공급해도 문제가 없습니다. 하지만 발전소에서 전기 에너지를 무제한 공급할 수 없기 때문에 각 가정에서 너무 많은 전력을 소모하면 안 됩니다. 그래서 집집마다 한 달간 쓸 수 있는 최대치를 정하고 있고, 또 전기 에너지의 낭비

같은 조건일 때 물통이 커야 오래 씀
스위치
전기 에너지
전류 수도관
물통
전기 에너지
1.5볼트용 제품에 전압이 높은 전지를
사용하면 고장 날 수 있음.
전기 에너지

를 막기 위해 전기를 많이 쓸수록 요금이 비싸지는 누진 전기 요금제를 시행하고 있습니다.

전압이 3.7볼트인 전지도 있는데 스마트폰에서 많이 사용하는 리튬 이온 전지가 그것입니다. 이 건전지를 1.5볼트 건전지를 사용하는 전자 기기에 연결해도 문제가 없을까요? 고장의 원인이 될 수 있으므로 연결하지 않아야 합니다. 3.7볼트 전지를 연결하면 전류가 두 배 이상 흘러 전자 기기가 과열될 수 있습니다.

18

1,000볼트를 만져도 멀쩡한데 100볼트에 죽었다고?

E=mc²

거실의 형광등이 갑자기 나갔습니다. 전등갓을 열어 보니 형광등 양 끝이 검은색입니다. 형광등을 새것으로 갈아 끼워야 할 때가 된 겁니다. 불쑥 형광등을 갈다가 감전되어 사망했다는 뉴스가 생각나 겁이 덜컥 납니다. 가정용 전기인 220볼트에 감전되어 사망할 수도 있나요? 만약 100볼트 전기를 사용한다면 더 안전할까요?

어른들도 전기를 다루는 것을 불안해합니다. 전기의 기본 개념인 전압, 전류, 저항, 전력에 대한 이해가 부족하기 때문입니다. 우리의 과학 지식은 시험을 위한 암기에 그치고 마는 경우가 많습니다. 이번 기회에 실생활에 도움이 될 전기에 관한 지식을 얻도록 하지요.

앞에서 전자 기기에 전류를 흘리려면 전원을 연결해야 한다고 했습니다. 같은 전압의 전원을 연결하더라도 전자 기기의 종류에 따라 흐르는 전류의 양이 달라집니다. 전류의 양을 결정하는 것은 전자 기기의 **저항**★(단위 옴 Ω)입니다. 저항이 클수록 작은 전류가 흐릅니다. 저항은 전자 기기에서 전자가 이동하는 것을 방해하는 정도를 말하는데, 저항이 작으면 전자들의 이동이 빠르고 저항이 크면 느려집니다. 일반적으로 금속 같은 물질은 저항이 작고 유리나 플라스틱 같은 절연체는 저항이 큽니다.

》몸에 물기가 있으면《 저항이 작아져

우리 몸에도 저항이 있는데 금속과 절연체의 중간이라고 보면 됩니다. 따라서 형광등을 교체할 때 220볼트 가정용 전기에 닿으면 몸에 전류가 흘러 짜릿한 전기 충격을 받지만 생명에 지장이 있을

★ **저항** 전원을 연결했을 때 흐르는 전류의 크기를 결정하는 성질. 저항이 크면 흐르는 전류가 작아지고 저항이 작으면 흐르는 전류가 커진다.

정도는 아닙니다. 일반적으로 5밀리암페어(0.005암페어) 이하의 전류가 몸에 흐를 때는 약간의 전기 충격을 느끼지만 위험하지 않습니다. 예전처럼 가정용 전기의 전압이 110볼트라면 동일한 조건에서 전기에 몸이 닿았다고 할 때 전류가 절반으로 줄기 때문에 더 안전합니다.

하지만 몸이 비에 맞아 젖어 있거나 젖은 바닥에 서 있을 경우, 몸에 물기가 없을 때보다 저항이 현저하게 낮아집니다. 이런 상태에서 몸이 전기에 닿을 경우 몸에 흐르는 전류가 증가하여 목숨이 위험하게 됩니다. 100밀리암페어(0.1암페어)의 전류가 단 몇 초 동안이라도 몸을 통해 흐르면 폐와 심장의 근육을 마비시켜 생명을 잃게 됩니다. 심지어는 220볼트나 110볼트가 아닌 25볼트의 전기에 접촉해도 생명을 잃거나 심각한 화상을 입을 수 있으니 젖은 상태로는 절대 전기를 만지지 않아야 합니다. 가정용 전기가 특히 위험한 것은 전기 에너지를 계속해서 공급하기 때문입니다.

이제 질문으로 돌아가 1,000볼트 전압의 전기를 만져도 멀쩡한데 100볼트 전압의 전기를 만지면 위험한 경우에 대해 생각해 봅시다. 만약 100볼트 전압의 전기는 발전소에서 계속 공급되는 전기이고 1,000볼트 전압의 전기는 일시적으로 공급되는 전기라면 그럴 수 있습니다. 겨울철 찾아오는 불청객인 정전기를 예로 들어 보지요. 자동차 문을 열거나 스웨터를 벗을 때, 또 문손잡이를 잡을 때 따딱 소리와 함께 작은 불꽃이 튀면서 몸이 따끔합니다. 이때 정전기의 전압은 놀랍게도 2,000볼트에서 5,000볼트나 됩니다. 나일론과 털실을 열 번만 문질러도 정전기에 의해 두 물질 사이의 전압이 무려 4,000볼트로 증가했다는 실험 보고가 있습니다.

》 전류의 양과 《
흐른 시간을 봐야 한다고?

엄청난 정전기 전압에도 정전기에 의한 전기 충격으로 생명에 위험을 받지 않는 것은 왜일까요? 정전기가 아주 짧은 시간 동안만 전기 에너지를 공급하기 때문입니다. 마찰로 인해 만들어진 정전기의 양전하와 음전하는 전기 에너지를 공급하는 역할을 합니다. 정전기 전압은 아주 높지만 만들어진 양전하와 음전하의 양이 적어 몸이 정전기에 접촉할 때 순식간에 소멸됩니다. 따라서 아주

짧은 시간 동안 몸에 전류를 흘려서 전기 충격에 의한 통증을 느끼게 하지만 생명에 위협을 줄 정도는 아닙니다.

드물지만 정전기보다 훨씬 엄청난 전압을 가진 번개를 맞고도 살아남을 수 있는 것은 전류가 순간적으로만 흐르기 때문입니다. 이제 1,000볼트냐 100볼트냐가 중요한 것이 아니라 얼마의 전류가 얼마나 오랫동안 몸을 통해 흐르느냐가 우리 몸의 안전★에 중요하다는 것을 알게 되었나요?

★ **전기 안전** 전원의 전압보다 전원에 닿았을 때 얼마만큼의 전류가 얼마 동안 몸에 흘렀느냐가 생명에 더 큰 영향을 미친다.

19

N극 또는 S극만 가진 자석은 없을까?

자석의 N극과 S극은 전하로 치면 양전하와 음전하에 해당합니다. 이제 자석의 N극 또는 S극만을 얻고 싶어 자석을 반으로 자릅니다. 과연 붉은색이 칠해진 자석 부분은 N극만 가지고 있을까요? 또 푸른색이 칠해진 자석 부분은 S극만을 가지고 있을까요?

영구 자석★인 막대자석을 절반으로 잘라도 여전히 N극과 S극의 두 자극을 가진 두 개의 자석이 만들어집니다. 여러 방법을 써 보았지만 지금까지 한 가지 자극만 가진 자석은 발견하지 못했습니다. 신기하지 않나요? 물리학자들도 그 이유를 알기 위해 상당히 오랜 시간을 보내고 마침내 답을 얻는 과정에서 자기에 관해 새롭게 알게 되었습니다.

자석이 일으키는 현상을 자기 현상이라고 부릅니다. 마찰 전기로 생긴 전하가 일으키는 번개 같은 전기 현상의 짝이 되는 또 다른 자연 현상이 자기 현상입니다. 자기 현상의 예로는 자석이 쇠붙이를 끌어당기는 것, 나침반이 방향을 알려 주는 것, 극지방에서 볼 수 있는 멋진 오로라 등이 있습니다. 양전하와 음전하가 끌어당기듯이 자석의 N극과 S극은 서로 끌어당깁니다. 자석의 자기는 회전이 자유로우며, 작고 가벼운 바늘 모양의 자석인 나침반을 움직이게 합니다.

» N극과 S극을 « 동시에 가지는 원형 전류

물리학자들은 자석 외에 나침반을 움직일 수 있는 또 다른 대상이 있는지 찾았습니다. 1800년대 초반 덴마크의 물리학자 외르스테

★ **영구 자석** 철과 같은 물질은 다른 자석으로 문질러 주면 자석이 되어 자기가 사라지지 않는데, 이런 자석을 영구 자석이라고 한다.

드가 강의 도중 우연히 전선에 전원을 연결해 전류를 흘리자 옆에 있던 나침반이 움직이는 것을 발견했습니다. 전선에 흐르는 전류가 자석 같은 작용을 한 것이죠. 외르스테드의 발견 후, 전선을 코일 모양으로 감고 여기에 전류를 흘리면 막대자석처럼 한쪽은 N극, 다른 쪽은 S극이 되어 쇠붙이를 끌어당기거나, 자석을 끌거나 밀 수 있다는 것도 알게 되었습니다. 이처럼 코일 모양의 전선에 전류를 흘려 영구 자석처럼 만든 것을 **전자석**★ 이라고 부릅니다.

★ **전자석** 코일 모양으로 감은 전선에 전류를 흘리면 자기를 띠는데 이것을 전자석이라고 한다. 영구 자석과 달리 전류를 흘리지 않으면 자기가 사라진다.

전자석은 영구 자석에 비해 장점이 많습니다. 영구 자석의 자기는 세기를 바꿀 수 없지만 전자석은 흐르는 전류를 조절하면 자기의 세기를 바꿀 수 있습니다. 영구 자석의 자기 세기는 그리 크지 않지만 전자석의 자기 세기는 이보다 훨씬 큽니다. 병원에 가면 MRI(자기 공명 영상 장치)가 있습니다. 눈으로 들여다볼 수 없는 신체 내부를 보여 줄 수 있어 질병을 진단하거나 수술하는 데 없어서는 안 될 의료 장비입니다. 원통 안에 환자를 들어가게 한 후 사진을 찍는데 이 원통이 바로 전자석입니다. MRI의 전자석의 자기 세기가 워낙 크기 때문에 환자는 시계나 안경 같은 쇠붙이를 가지고 있으면 안 됩니다.

영구 자석을 절반으로 잘라도 항상 N극과 S극이 함께 생기는 것은 전자석과 관련이 있습니다. 전선을 원형으로 동그랗게 말고 전원을 연결하여 전류를 흘리면, 전류가 흐르는 방향이 시계 방향 또는 반시계 방향이냐에 따라 원형 도선의 위쪽이 영구 자석의 N극 또는 S극처럼 작용합니다. 그리고 도선의 아래쪽은 반대인 S극 또는 N극이 됩니다. 원형 도선의 위쪽에 막대자석의 N극을 가까이 할 때 도선에 흐르는 전류 방향에 따라 자석을 끌어당기거나 밀어내는 겁니다. 원형 전류는 자연스럽게 영구 자석처럼 N극과 S극을 동시에 가집니다. 원이 있으면 원의 위와 아래가 항상 존재하기 때문에 원형 전류 역시 N극과 S극이 동시에 존재할 수밖에 없습니다. 위쪽만 가진 원, 아래쪽만 가진 원이 없듯이 말입니다.

》N극과 S극은《 영원히 붙어 다니는 운명

이제 영구 자석이 원형 전류와 어떤 관계가 있는지만 알 수 있다면 왜 자석을 잘라도 항상 두 자극이 함께 있는지 알 수 있습니다. 물리학자들은 자석을 구성하고 있는 원자에 주목했습니다. 원자는 뒤에서 더 자세히 설명하겠지만 양전하의 원자핵 주위를 음전하의 전자들이 원을 그리며 돌고 있습니다. 전자들이 이동하는 것을 전류라고 부릅니다. 따라서 자석은 잘 들여다보면 그 안에 무수히 많은 원형 전류들이 있고 이들이 같은 방향으로 잘 배열되어 자석의 자기를 만듭니다. 따라서 자석을 자른다고 해도 여전히 내부에 있는 잘 배열된 원형 전류들에 의해 위는 N극, 아래는 S극으로 다시 두 자극이 나타나게 됩니다.

자석을 계속 작게 자르면 최종적으로는 N극 또는 S극만 남게 되지 않을까요? 아무리 잘게 잘라도 항상 두 자극이 존재합니다. 물체를 아무리 잘게 잘라도 원자보다 작게 자를 수는 없습니다. 원자 하나만 있더라도 원 운동을 하는 전자 때문에 원형 전류가 있어 여전히 두 자극이 존재하게 됩니다. 물리학을 이해하면 굳이 힘들여 실험할 필요가 없습니다.

20

전자레인지는 어떻게 음식물을 덥힐까?

점심을 먹기 위해 냉동 피자를 전자레인지에 넣습니다. 3분 만에 아주 따끈따끈한 맛있는 피자가 나왔습니다. 전자레인지 안에 손을 넣어 보아도 열기가 느껴지지 않습니다. 도대체 전자레인지는 어떻게 음식물을 덥히는 걸까요?

일반 조리 기구와 달리 전자레인지는 전혀 열에너지를 이용하지 않기 때문에 음식물을 조리한 후에도 기기 안에서는 열기를 느낄 수 없습니다. 전자레인지는 열에너지 대신 **전자기파**★의 하나인 마이크로파 또는 마이크로웨이브라는 전기 에너지를 이용해 음식물의 온도를 높입니다. 마이크로파는 물결이나 빛과 같은 파동의 한 종류입니다. 빛이나 물결이 한 장소에서 다른 장소로 퍼져 나가듯이 마이크로파 역시 공간 속으로 퍼져 나갑니다. 마이크로파는 무선 통신에 사용됩니다. 스마트폰의 신호가 마이크로파로 전송됩니다. 또 비행기나 미사일의 위치를 추적하는 레이더도 마이크로파를 이용합니다.

전등의 스위치를 누르면 전등에서 빛이 나오듯이 전자레인지의 스위치를 누르면 마이크로파가 나옵니다. 빛은 우리 눈에 보이지만 안타깝게도 마이크로파는 눈에 보이지 않습니다. 이제 마이크로파는 음식물에 들어 있는 수분 속 물 분자들을 아주 빠르게 진동시킵니다. 잘 알듯이 물 분자는 산소(기호로 O) 원자 양 끝에 수소(기호로 H) 원자가 구부러진 모양으로 붙어 있어 H_2O로 적습니다. 물 분자의 크기는 우리 눈으로 볼 수 없을 정도로 작기 때문에 한 몸으로 보아도 무방합니다.

★ **전자기파** 전하의 진동에 의해 전기와 자기가 생겨 공간에 퍼져 나가는 것. 마이크로파, 빛, 적외선, 자외선, 전파 등이 전자기파에 속하는데 모두 빛의 속도로 퍼져 나간다는 공통점이 있다.

» 물 분자들이 «
온도를 높이는 거야

마이크로파를 음식물에 쪼이면 마이크로파의 전기 에너지가 음식물 속 물 분자를 1초에 100만 번 이상 진동시켜 물 분자의 열에너지를 증가시킵니다. 증가된 물 분자들의 열에너지가 음식물 속에 들어 있는 다른 분자들의 열에너지보다 크기 때문에 열에너지가 물 분자로부터 다른 분자들에게 전달되어 음식물을 구성하고 있는 전체 분자들의 열에너지가 커집니다. 열에너지는 온도에 비례하기 때문에 마이크로파의 전기 에너지가 물 분자의 열에너지를 거쳐 음식물 전체의 열에너지로 바뀌면서 음식물의 온도가 높아집니다.

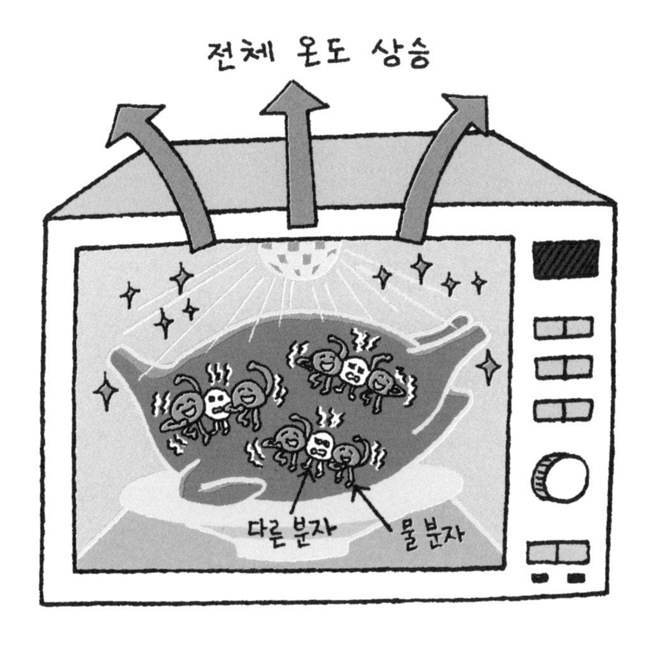

전자레인지가 음식물을 덥히는 원리가 이해되지 않으면 방안에 여러 색깔의 쇠구슬이 가득 차 있는 것을 상상해 보세요. 이 중 붉은색 쇠구슬을 물 분자라고 가정하지요. 마이크로파에 의한 물 분자의 진동은 여러 쇠구슬 가운데 붉은색 쇠구슬만 빠르게 떨리는 것과 같습니다. 당연히 붉은색 쇠구슬이 떨리면 주위 다른 색깔의 쇠구슬과 충돌하겠지요? 이런 충돌에 의해 다른 쇠구슬들도 떨리게 되어 전체 쇠구슬의 에너지가 증가합니다. 이것이 마이크로파에 의해 음식물 온도가 높아지는 이유입니다. 전자레인지로 물을 덥히면 마이크로파의 전기 에너지가 모두 물 분자로 전달되기 때문에 온도를 올리기가 가장 쉽습니다.

전자레인지는 에너지 낭비가 다른 조리 기구에 비해 작다는 장점이 있습니다. 하지만 단점도 있습니다. 전자레인지는 물 분자를 진동시켜 음식물을 조리하기 때문에 음식물에 수분이 없으면 조리를 할 수 없습니다. 또한 요리하는 동안 음식물의 위치를 바꾸지 않으면 음식물이 골고루 익지 않습니다. 전등 바로 아래는 불빛이 밝지만 먼 곳은 어둡듯이 전자레인지 속 마이크로파의 세기가 균일하지 않기 때문에 발생하는 문제입니다. 대부분의 전자레인지에는 회전판이 붙어 있어 음식물을 회전시킬 수 있습니다. 회전판 덕분에 음식물의 위치가 계속 바뀌어 음식물이 골고루 익을 수 있습니다.

》 전자레인지에서 《 얼음을 녹이면?

냉장고에서 얼음을 꺼내 전자레인지 회전판에 놓고 전자레인지를 작동시키면 어떤 일이 생길까요? 얼음도 물처럼 물 분자로 이루어져 있기 때문에 얼음이 쉽게 녹지 않을까요? 물 분자로 이루어진 것은 같지만 얼음은 잘 녹지 않습니다. 액체인 물속의 물 분자들은 마이크로파에 의해 쉽게 진동하지만, 고체인 얼음 속의 물 분자들은 다른 물 분자들에 의해 고정되어 있어 방향을 바꾸기가 어려워 진동을 하지 못합니다. 이 때문에 얼음의 물 분자들은 마이크로파의 전기 에너지를 열에너지로 바꾸지 못해 온도가 오르지 않고, 그래서 얼음은 거의 녹지 않습니다.

또 전자레인지 안에 알루미늄 포일처럼 금속으로 된 물질을 넣지 말라고 하는데 그 이유는 무엇일까요? 마이크로파도 빛처럼 금속 표면에서 잘 반사됩니다. 또 금속 표면으로 일부 침투한 마이크로파가 금속 내 전자에 전기 에너지를 주어 전자들이 금속의 뾰족한 끝으로 이동하여 쌓이게 됩니다. 이 전자들이 공기 중으로 튀어 오르면서 작은 불꽃이 만들어지기 때문에 전자레인지가 고장 날 수 있습니다.

4장

빛은 파동일까, 입자일까?

21

엄청나게 빠른 빛의 속도는 어떻게 잴까?

멀리서 천둥과 번개가 칩니다. 항상 번개가 번쩍하고 빛을 낸 후 곧 이어서 우르르 쾅 하는 천둥소리가 들립니다. 번개가 번쩍이고 몇 초 후에 천둥소리를 들었는지 측정하면 번개가 얼마나 멀리 떨어진 곳에서 쳤는지 알 수 있다고 합니다. 왜 그럴까요?

빛의 전파 속도는 소리보다 훨씬 큽니다. 빛이나 소리 모두 파동이어서 발생한 장소에서 다른 곳으로 퍼져 나가는 성질을 가지고 있습니다. 한 장소에서 다른 장소로 얼마나 빨리 이동하는지 알려주는 것이 파동의 전파 속도입니다. 빛은 광속으로 이동하고 소리는 음속으로 이동합니다. 지상에서 음속은 보통 초속 340m 또는 시속 1,200km 정도가 됩니다. 만약 소리가 100m 달리기를 한다면 총소리가 울린 후 0.3초면 결승선에 들어온다는 말이지요. 또 우리나라 고속도로에서 자동차의 최고 제한 속도가 시속 110km이니까 음속은 이보다 10배 이상 큽니다. 최신예 전투기 정도가 음속보다 빨리 움직일 수 있습니다.

» 내가 보고 있는 태양은 «
8분 전의 태양이야

반면 광속은 초속 30만 km나 됩니다. 빛이 얼마나 빠른지 상상이 되지 않지요? 빛이 1초에 지구 둘레를 7바퀴 반 돈다면 이해가 되나요? 인간이 발명한 운송 수단 가운데 아직 광속과 비슷하게라도 움직이는 것은 없습니다. 광속이 이처럼 크기 때문에 빛은 지구 위 한 장소에서 다른 장소로 거의 순간적으로 이동합니다. 하지만 거대한 크기를 가진 우주에서는 이야기가 좀 달라집니다. 지구에서 달까지의 거리는 38만 km 정도이므로 달빛이 지구에 도달하기까지 1초가 조금 넘게 걸립니다. 또 지구에서 태양까지의 거리는 1억 5천만 km나 되기 때문에 태양 빛이 지구에 도달하는 데는 500초, 즉 8분이 조금 넘게 걸립니다. 지금 내가 보고 있는 태양은 8분 전 태양의 모습이라는 것이죠. 놀랍게도 빛이 지구에 도달하는 데 수십만 년이 걸리는 별도 우주에는 많이 존재합니다.

번개 빛은 치는 순간 볼 수 있지만 천둥소리는 집에서 번개가 친 곳까지의 거리를 음속으로 나눈 시간이 걸립니다. 예를 들어 번개가 번쩍하고 5초 후에 천둥소리를 들었다면 음속 곱하기 5초, 대략 1700m 떨어진 곳에서 번개가 친 것입니다.

그런데 상상을 초월하는 빠른 광속을 예전에는 어떻게 측정할 수 있었을까요? 오랫동안 광속은 무한하다고 생각했습니다. 누구나 빛이 아주 빠르다고 생각했기 때문에 광속이 유한하다고 주장하지 못했습니다. 이 세상에 무한한 속도는 없다고 생각하고 최초로 광속을 측정하고자 한 사람은 갈릴레이입니다. 지금으로부터 400여 년 전 갈릴레이와 조수는 깜깜한 밤에 등불을 들고 멀리 떨어진 두 산에 각자 올랐습니다. 갈릴레이가 등불을 올리면 맞은편 산에 있던 조수가 이 불빛을 보고 자기 등불을 올려 불빛을 보냅니다. 수십 차례 등불을 올린 뒤 걸린 시간을 재서 광속을 측정하려고 했지만 실험을 할 때마다 시간이 달라 측정에 실패했습니다.

왜 그랬을까요? 빛이 산 사이를 오가는 시간에 비해 등불을 올리는 시간이 훨씬 길었기 때문입니다. 갈릴레이는 실험을 통해 적어도 광속이 무척 크다는 사실을 깨달았습니다.

》톱니바퀴로《 광속을 잴 수 있다고?

광속 측정에 성공하려면 등불을 올리는 시간을 아주 짧게 줄여야 합니다. 1800년대 들어 프랑스의 물리학자 피조는 톱니바퀴를 회전시켜 빛을 짧게 자르는 방법을 생각해 냅니다. 빛을 회전하는 톱니바퀴에 비추면 톱니 틈으로만 빛이 나가게 되어 빛을 짧게 자를 수 있습니다. 흡사 갈릴레이와 조수가 등불을 들어 올리는 것과 같지요. 톱니바퀴를 고속으로 회전시키면 등불을 들어 올리는 시간을 아주 짧게 줄이는 것과 같은 효과를 보입니다. 잘린 빛이 멀리 떨어진 거울에 반사되어 다시 톱니바퀴로 들어오도록 조정합니다. 반사된 빛이 톱니 사이로 들어오면 빛을 볼 수 있지만 톱니에 걸리면 보이지 않습니다. 톱니 사이로 빛이 보일 때 톱니바퀴의 회전수와 거울까지의 거리를 알면 광속을 측정할 수 있습니다. 이런 방식으로 피조는 최초로 지상에서 광속을 정확하게 측정하였습니다.

정말 멋지지 않나요? 불가능할 것 같던 실험을 주위에서 흔히 볼 수 있는 톱니바퀴를 이용해 성공시킨 피조는 얼마나 행복했을까요? 피조의 실험이 있고 나서 얼마 지나지 않아 많은 물리학자들이 더 멋진 방법으로 광속을 측정하는 데 성공했습니다.

저는 지금 텔레비전으로 러시아 월드컵 중계를 보고 있습니다. 아나운서가 우리 국가 대표 주장과 인터뷰를 하고 있는데 왠지 조금 어색합니다. 잘 살펴보니 입 모양과 말이 맞지 않습니다. 왜 그럴까요? 번개 빛과 천둥소리의 관계처럼 입 모양은 광속으로 전파되는 마이크로파를 통해 즉시 전달되지만 말, 즉 소리는 음속으로 느리게 전달되기 때문입니다.

22

물방울이 있어야 무지개가 생긴다고?

E=mc²

미국 여행을 떠났습니다. 아침 일찍 일어나 나이아가라 폭포를 구경합니다. 엄청난 굉음과 함께 거대한 물줄기가 아래로 떨어지며 물안개를 만들고 아름다운 무지개가 폭포 위에 선명하게 걸려 있습니다. 무지개는 왜 생길까요? 또 무지개와 물안개는 무슨 관련이 있는 걸까요?

폭포 근처에서나 비가 온 직후 무지개가 하늘에 걸린 것을 볼 수 있습니다. 하늘에 프리즘이 있는 것도 아닌데 어떻게 무지개가 생길까요? 폭포에서 멀어지거나 비가 그치고 시간이 지나면 무지개가 사라지는 것으로 보아 무지개는 폭포수가 떨어지거나 비가 올 때 만들어진 작은 물방울들과 관련이 있다는 것을 짐작할 수 있습니다.

》빛은 반사되고《 꺾여요

물에 빛을 비추면 빛은 수면에서 **반사**★를 일으키고 동시에 물속에서 꺾입니다. 빛이 대기 속을 통과하다가 물 같은 다른 물질을 만나면 방향을 꺾어 통과하는 현상을 **굴절**★★이라고 합니다. 꺾인다는 뜻을 가진 한자어가 바로 '굴절'입니다. 빛이 수면에서 반사와 굴절이 되는 것을 잘 관찰하려면, 햇빛 대신 레이저 포인터에서 나오는 가는 붉은색 레이저 광선을 사용하는 것이 좋습니다. 모기향을 태워 약간의 연기를 피우면 레이저 광선이 대기 속을 통과하는 것을 잘 볼 수 있습니다. 레이저 광선을 수면에 비스듬히 비추면 직진하던 광선이 수면에서 반사되어 대기로 다시 튀어 나가는

★ **반사** 우리 눈이 물체를 볼 수 있는 이유는 햇빛이 물체에 반사되어 우리 눈에 들어오기 때문이다.

★★ **굴절** 물질의 경계 면에 빛이 비칠 때 빛이 꺾여 진행하는 현상

빛의 반사와 굴절 실험

것을 볼 수 있습니다. 또 일부 레이저 광선은 물속을 통과하면서 광선이 꺾이는 것을 볼 수 있습니다.

빛이 굴절되는 것을 눈으로 확인하고 싶다면 투명한 유리잔에 물을 넣고 젓가락을 비스듬히 물에 담근 후 위에서 젓가락을 보면 됩니다. 젓가락이 물속에서 약간 위로 꺾어져 있는 것처럼 보이는데 빛이 물속에서 굴절되기 때문입니다. 빛이 대기와 물, 유리 등 다른 물질과의 경계면에서 굴절되는 정도는 물질의 종류에 따라 다릅니다. 일반적으로 물질이 단단할수록 굴절이 더 심하게 일어납니다.

》빛의 색에 따라《 꺾이는 정도가 달라

폭포수나 비가 만든 작은 물방울에 햇빛이 비치면 물방울 표면에서 굴절이 일어나면서 빛이 꺾여 우리 눈에 들어옵니다. 그런데 무지개가 만들어지려면 한 가지가 더 필요합니다. 뉴턴이 발견한 빛의 분산★이라는 현상입니다. 공기와 물과 같이 두 물질의 경계에서 빛이 굴절할 때 빛이 꺾이는 정도가 빛의 색에 따라 달라지는 것입니다.

이제 여러 종류의 레이저를 사용하여 여러 색의 레이저 광선을 수면에 비춘다고 가정해 봅시다. 물속에서 빨간색 광선이 가장 덜 꺾이고 주황색, 노란색, 초록색, 파란색 광선 순으로 점점 더 많이 꺾이며 보라색 광선이 가장 많이 꺾입니다.

하늘에 걸린 원형 띠 모양의 무지개를 보면 지상에 가장 가까운 쪽이 보라색이고 지상에서 가장 먼 쪽이 빨간색입니다. 그 이유는 굴절되는 정도가 보라색이 가장 크고 빨간색이 가장 작기 때문입니다.

★ **빛의 분산** 여러 색이 섞인 빛이 물질을 통과하면서 각각의 색으로 나뉘는 현상

» 쌍무지개를 «
본 적이 있니?

드물지만 쌍무지개가 뜰 때도 있습니다. 두 개의 무지개가 위아래로 생기는 것을 말합니다. 아래쪽 무지개는 위가 빨간색, 아래가 보라색으로 색의 배열이 앞서 설명한 것과 같습니다. 위쪽 무지개도 위가 빨간색, 아래가 보라색일까요?

낮에 비가 그친 뒤 밖에 나가 살펴보면 흥미롭습니다. 위쪽 무지개의 색은 아래쪽 무지개의 색과 배열이 정반대입니다. 다시 말해 아래가 빨간색이고 위가 보라색입니다. 이유는 햇빛이 물방울 속에서 두 번 굴절이 되면서 방향이 뒤바뀌기 때문입니다. 아래쪽 무지개는 햇빛이 물방울 속에서 한 번 굴절된 후 대기로 나와 가장 덜 굴절된 빨간색이 위에 있지만 위쪽 무지개에서는 두 번 굴절되면서 빨간색이 가장 아래로 나오게 됩니다.

23

뉴턴도 틀릴 때가 있었다?

유리 프리즘은 자석처럼 문구점에서 쉽게 구입할 수 있습니다. 눈에 프리즘을 대고 풍경을 바라보면 맨눈으로 볼 때와 다르게 보입니다. 천문대에 가면 대포처럼 생긴 반사 망원경을 볼 수 있습니다. 반사 망원경으로 달 표면과 아름다운 토성의 고리를 볼 수 있습니다. 프리즘을 사용해 빛을 관찰하고 반사 망원경을 발명한 사람은 누구일까요?

프리즘을 눈에 대고 물체를 보면 물체 주위에 빨주노초파남보의 무지개 띠가 나타납니다. 빛이 유리 속에서 굴절할 때 색에 따라 다른 각도로 꺾이기 때문에 무지개 띠가 생기는 거죠. 천체를 관측하는 데 사용하는 반사 망원경의 구조는 간단합니다. 원형의 반사 거울과 원통만 있으면 손쉽게 반사 망원경을 만들 수 있습니다. 프리즘을 사용해 무지개를 관찰하고 반사 망원경을 발명한 것은 모두 뉴턴이 이룬 업적입니다. 뉴턴은 중력과 운동 법칙을 발견한 것으로 유명하지만 빛의 성질을 연구하는 광학에도 관심이 많았습니다.

》흑사병이《
뉴턴을 도왔다고?

14세기부터 유럽에 퍼지기 시작한 흑사병은 유럽 인구의 3분의 1 이상을 죽음에 이르게 할 정도로 심각한 피해를 입혔습니다. 페스트균에 의해 전파되는 이 병에 걸리면 고열과 함께 신체가 검게 변하면서 죽게 된다고 해서 흑사병이란 이름이 붙었습니다. 흑사병을 피해 많은 사람이 도시를 떠나 시골로 이주했는데, 17세기 중반 영국의 케임브리지 대학에서 공부하던 뉴턴도 대학을 떠나야 했습니다. 뉴턴은 책과 몇 가지 실험 도구를 챙겨 고향으로 내려가 물리학 연구와 실험을 계속했습니다. 이때 챙겨 간 실험 도구 가운데 하나가 바로 프리즘이었습니다.

잘 알려진 것처럼 뉴턴은 고향 집 사과나무 아래에서 사색을 하다가 중력과 물체의 운동에 관한 법칙을 발견했습니다. 또 어두운 헛간에서 프리즘을 가지고 태양 빛을 관찰한 다음, 태양 빛은 빨주노초파남보의 무지개색 빛들이 합쳐져 있는 거라고 주장했습니다.

뉴턴은 이 주장이 옳다는 것을 밝히기 위해 두 개의 프리즘을 가지고 실험을 했습니다. 즉 태양 빛을 첫 번째 프리즘에 비춰 무지개색으로 나누었다가, 무지개색을 두 번째 프리즘에 통과시켜 원래의 태양 빛으로 되돌릴 수 있다는 것을 확인했습니다. 빛이 굴절될 때 빛의 색에 따라 다른 각도로 꺾이는 현상을 분산이라고 했지요? 뉴턴은 프리즘을 사용하면 빛의 분산을 명확하게 관측할 수 있다는 것을 처음으로 보여 주었습니다.

》 반사 망원경으로 《 달에 켜진 촛불을 본다?

멀리 있는 물체를 보려면 망원경을 사용해야 합니다. 갈릴레이 이전에도 렌즈를 사용한 망원경은 있었습니다. 갈릴레이는 렌즈 망원경을 개량해 달 표면과 목성의 위성을 관측하여 사람들을 놀라게 했습니다. 렌즈를 사용하는 망원경을 굴절 망원경이라고 부릅니다. 굴절 망원경의 렌즈에 빛이 들어오면, 빛의 분산에 의해 물체 주위에 무지개가 생기게 됩니다.

이 문제를 해결하기 위해 뉴턴은 렌즈를 사용하지 않는 반사 망원경을 발명합니다. 렌즈를 사용해 빛을 모으는 굴절 망원경과

달리 반사 망원경은 오목 거울을 사용해 빛을 모읍니다. 반사 망원경은 구조가 단순하고 지름이 커서 천문대에 있는 망원경은 대부분 반사 망원경입니다. 지금 칠레에서 여러 장의 오목 거울을 모아 지름이 25.4m나 되는 반사 망원경을 제작하고 있습니다. 이 망원경이 완성되면 달에 켜진 촛불도 볼 수 있습니다. 뉴턴의 아이디어에서 출발한 반사 망원경의 발전이 엄청나지 않나요?

》빛은《
입자이면서 파동이야

중력, 물체 운동, 광학에 이르기까지 대단한 업적을 이룬 뉴턴도 실수를 하기도 했습니다. 뉴턴은 빛에 대한 연구를 하면서 빛이 무엇으로 구성되어 있는지 궁금했습니다. 빛의 분산을 발견하면서 뉴턴은 빛이 특정한 색을 가진 아주 작은 입자들로 구성되어 있다고 확신하게 되었습니다. 무지개색의 빛 입자들이 모여 백색의 태양 빛이 만들어지고, 태양 빛이 유리 프리즘을 지날 때는 다시 각각의 빛 입자들로 나뉘어 무지개색이 나타난다고 생각했습니다. 그리고 유리 속에서의 빛 속도가 공기 중에서의 빛 속도보다 빠르다는 것을 빛 입자가 있다는 증거로 들었습니다. 유리가 빛 입자를 끌어당기는 중력이 공기가 빛 입자를 끌어당기는 중력보다 크기 때문에 이런 증거를 내세운 것입니다. 뉴턴이 활동하던 당시에는 물질 속의 빛 속도를 측정할 방법이 없었기 때문에 뉴턴의 주장이 옳은지 틀린지 확인할 수 없었습니다.

반면 뉴턴과 달리 빛은 파동이라고 주장하는 물리학자도 많았습니다. 빛이 파동이라면 뉴턴의 주장과 달리 빛은 공기 중에서보다 물질 속에서 더 느리게 움직여야 합니다. 뉴턴이 죽은 후 100년이 훨씬 지나 빛의 속도를 정밀하게 측정하는 기술이 나왔고, 물질 속의 빛 속도를 측정해 보니 공기 중에서보다 속도가 느렸습니다. 뉴턴의 주장이 틀린 셈이지요. 오랫동안 지속된 빛이 무엇이냐에 대한 결론이 '빛은 파동이다'라는 쪽으로 기울어집니다.

하지만 자연은 참 오묘합니다. 아인슈타인에 의해 다시 빛의 입자설이 되살아납니다. 그럼 빛은 진짜 무엇일까요? 현대 물리학에서 빛은 입자면서 파동이라는 아리송한 존재라는 것이 답입니다.

24

신기루가 생기는 건 공기 때문?

$E=mc^2$

사막에서 길을 잃고 헤맵니다. 오아시스를 찾아 부지런히 걷는데 저 멀리 지평선에 야자수가 보이고 야자수 그림자가 샘물에 반사되어 가물거립니다. 너무 기뻐서 단숨에 달려가 보지만 오아시스는 없고 사막의 모래뿐입니다. 이게 무슨 자연의 조화일까요?

사막 저 멀리 물이 있는 것처럼 물체가 반사되어 나타나는 현상을 신기루★라고 부릅니다. 예전에 사막을 여행하는 사람들 가운데 신기루를 물이 있는 오아시스로 착각하여 목숨을 잃는 경우가 종종 있었습니다. 신기루는 사막같이 지면과 대기의 온도 차이가 큰 곳에서 빛이 직진하지 못하고 굴절과 반사에 의해 휘어지기 때문에 일어나는 현상입니다.

무지개가 생기는 원리를 설명하면서 빛이 두 물질의 경계 면에서 굴절과 반사를 일으킨다고 했습니다. 즉 빛이 똑바로 나가지 못하고 갑자기 경계 면에서 꺾여 나가는 것이 굴절이고, 빛이 경계 면에서 튀어 돌아 나가는 것이 반사입니다. 대기와 물처럼 성질이 확 다른 두 물질의 경계 면에서는 빛이 급격히 꺾입니다. 하지만 뚜렷한 경계 면이 없는 사막에서 일어나는 빛의 굴절과 반사는 이와 조금 다릅니다.

》 사막에서 신기루가 《 잘 나타나는 이유

사막은 기온이 40도 이상인 아주 더운 곳으로 알려져 있지만 밤에는 영하로 떨어질 정도로 아주 춥습니다. 아침에 해가 뜨면 지

★ **신기루** 온도(밀도)가 다른 대기층으로 인해 빛이 직진하지 않고 휘어지면서 나타나는 현상. 물체가 물에 반사되는 듯한 풍경이 나타난다.

면의 온도는 급격히 올라가는 반면 대기의 온도는 서서히 높아집니다. 모래가 대기보다 더 쉽게 덥혀지기 때문입니다. 따라서 지면에는 뜨거운 대기층이, 위쪽에는 차가운 대기층이 자리를 잡게 됩니다.

기체인 대기는 온도가 높을수록 부피가 팽창하기 때문에 밀도가 낮아집니다. 사막의 대기는 위에는 밀도가 큰 대기층을, 아래는 밀도가 낮은 대기층을 만듭니다. 온도가 다른 사막의 두 대기층을 통과하는 빛은 흡사 공기와 물의 경계 면을 만났을 때와 같은 행동을 합니다. 밀도가 큰 위쪽 차가운 대기층이 물에 해당하고, 밀도가 낮은 아래쪽 뜨거운 대기층이 공기에 해당합니다. 이제 햇빛이 차가운 대기층과 뜨거운 대기층의 경계 면에서 굴절과 반사를 일으키게 됩니다. 빛이 뜨거운 대기층에서 더 큰 각도로 굴절하므로 빛이 뜨거운 대기층으로 휘어지는 것처럼 보입니다.

멀리 있는 오아시스에서 나온 빛이 뜨거운 대기층이 있는 아래쪽으로 휘어졌다가 우리 눈에 들어오면 우리 눈에는 빛이 모래에서 반사되는 것처럼 보여 오아시스가 원래 위치보다 훨씬 가까운 곳에 있다고 착각하게 됩니다. 또 푸른 하늘에서 나온 빛 역시 아래로 휘어졌다가 우리 눈에 들어오기 때문에 흡사 사막 위에 물이 있는 것처럼 보여 오아시스로 착각하게 만듭니다. 이것이 바로 사막에서 나타나는 신기루입니다. 이처럼 신기루는 따뜻한 대기와 찬 대기, 그리고 빛이 만드는 마술 같은 자연 현상입니다. 오랜 시간 동안, 사막을 여행하던 상인들은 이런 사실을 모르고 신기루에 홀려 아까운 목숨을 잃었습니다. 해 질 녘이나 새벽녘이 되어 대기와 지면의 온도 차이가 줄어들면 신기루가 사라집니다.

신기루는 사막 같은 더운 곳뿐만 아니라 추운 극지방에서도 일어납니다. 이번에는 거꾸로 지면 근처의 차가운 대기층과 높은 곳의 더운 대기층이 신기루를 일으킬 조건을 충족하기 때문입니다. 이 경우에는 빛이 위로 휘기 때문에 신기루가 위에 나타납니다.

» 자동차가 물 위를 « 달리고 있다고?

신기루와 같은 현상으로 땅거울 현상 또는 수막 현상이 있습니다. 더운 여름날 도로 위를 달리는 자동차를 보면 도로 위에 물이 없는데도 자동차가 흡사 물 위를 달리는 것처럼 보입니다. 물이 도로 위에 얇은 막을 형성한 것 같다고 해서 수막 현상, 또는 도로가 거울 구실을 한다고 해서 땅거울 현상이라고 부릅니다. 이런 현상은 비행기 활주로에서도 볼 수 있습니다. 왜 이런 현상이 생길까요?

이 경우에도 도로 바로 위에 뜨거운 대기층이, 도로 위 높은 곳에 차가운 대기층이 생기기 때문입니다. 사막의 신기루처럼 하늘에서 나온 빛이 아래 뜨거운 대기층 쪽으로 휘어지면서 흡사 지면에서 반사되는 것처럼 보이기 때문에 자동차가 물 위에 떠 있는 것 같은 착각을 불러일으킵니다.

아지랑이라는 말을 들어 본 적이 있나요? 봄이 되어 기온이

올라가면 도로 위 풍경이 뚜렷하지 않고 아른아른하게 보이는 것을 말합니다. 도로 위 대기의 온도가 올라가면서 위쪽 찬 공기와 뒤죽박죽 섞이게 되면, 빛이 이 대기층을 지나면서 마구 휘어져 아른아른한 풍경을 만듭니다. 계절에 따른 빛의 조화가 주는 즐거움이지요.

25

CD에 무지개색이 나타나는 이유는?

음악을 듣기 위해 CD를 플레이어에 넣는 순간 CD 표면에 무지개가 나타났습니다. 그러고 보니 영화 DVD나 블루레이 디스크에도 무지개가 생겼던 것 같아요. 무지개는 빛이 작은 물방울에 부딪쳐 굴절하기 때문에 생기는 건데, 물 한 방울 튀지 않은 CD나 DVD에서 어떻게 무지개가 만들어지나요?

비 온 후 생긴 무지개는 빛이 물방울 속에서 굴절하면서 빛의 색에 따라 굴절하는 정도가 달라 생긴다고 했습니다. 이런 빛의 성질을 분산이라고 합니다. CD나 DVD의 무지개는 또 다른 빛의 성질인 **간섭*** 때문에 나타납니다. 빛의 간섭에 의해 무지개가 생기는 것을 이해하려면 우선 CD나 DVD의 표면이 어떻게 생겼는지 알아야 합니다.

CD나 DVD의 표면에는 수많은 작은 돌기가 나 있습니다. 이 돌기의 길이는 보통 머리카락 두께의 1/100 정도로 짧고, 높이 역시 아주 낮기 때문에 겉으로는 그냥 평평해 보입니다. CD 표면에 이처럼 많은 돌기가 있는 이유는 이것들이 정보, 즉 음악이나 데이터를 담고 있기 때문입니다. CD 플레이어는 레이저를 사용해 이 돌기들이 담은 정보를 읽어 음악을 들려줍니다. 돌기의 크기가 아주 작기 때문에 CD는 LP 레코드에 비해 크기가 작은데도 더 오랫동안 깨끗한 음질을 유지합니다. 영화 같은 동영상 정보를 담는 데 사용하는 DVD나 블루레이 디스크는 CD와 크기는 같지만 돌기의 크기가 더 작기 때문에 더 많은 데이터를 담을 수 있습니다. CD나 DVD 표면이 반짝이는 이유는 빛이 잘 반사되도록 플라스틱으로 된 CD 표면에 얇게 알루미늄을 입히기 때문입니다.

★ **빛의 간섭** 여러 파동이 한 장소에 모일 때 파동의 마루나 골의 위치에 의해 파동의 세기가 커지기도 작아지기도 하는 현상

》빛은《 파장을 갖고 있어

코팅이 된 돌기에 햇빛이 닿으면 반사가 일어납니다. CD 표면을 보고 있으면 여러 돌기에서 반사된 빛이 동시에 우리 눈에 들어옵니다. 빛이 한 장소에 동시에 들어와서 만날 때 간섭이라는 현상이 생깁니다. 간섭은 빛이 **파동**★이기 때문에 일어나는 독특한 현상입니다. 파동이 무엇인지 이해하기 어렵다면 바닷가의 파도를 생각해 보세요. 철썩하고 파도가 규칙적으로 모래사장을 때리는 것을 볼 수 있는데, 파도의 '마루', 즉 '파도 높이가 가장 높은 곳'이 일정한 간격으로 모래사장에 닿습니다. 파동 역시 파도처럼 파동의 마루가 일정한 간격으로 떨어져 있으며, '한 마루와 다음 마루 사이의 거리'를 '파장'이라고 합니다. 파도의 경우 파장이 짧게는 몇 십 cm에서 길게는 수십 m가 됩니다. 파도처럼 눈에 보이지는 않지만 파동인 빛 역시 파장을 가지고 있습니다. 파장은 빛의 색에 따라 달라서, 빨간색 파장이 머리카락 두께의 6배 정도로 가장 길고, 보라색 파장은 4배 정도로 가장 짧습니다. 파도의 파장과 비교해 빛의 파장은 아주 짧은 것이 특징입니다. 놀랍게도 우리 눈은 빛의 파장의 차이를 감지하고 이를 다른 색의 빛으로 인식합니다.

★ **파동** 크기가 큰 마루나 크기가 작은 골이 규칙적으로 위치하고 일정한 속도로 이동한다.

》빛이 간섭을 일으키면《 간섭무늬가 만들어진다

CD 표면의 여러 돌기에서 반사된 빛들이 우리 눈에 들어와 합쳐집니다. 빛은 파동이기 때문에 돌기를 떠난 각각의 빛이 합쳐질 때 얼마의 거리를 이동해 합쳐지는지가 합쳐진 빛의 밝기를 결정합니다. 두 빛이 만날 때 마루와 마루가 일치하면 빛의 세기가 커집니다(그림 가). 반면 마루와 골(파도 높이가 가장 낮은 곳)이 만나게 되면 두 빛이 상쇄되어 빛의 세기가 작아집니다(그림 나). 파동이 어떤 상태로 만나는지에 따라 파동의 세기가 커지기도 하고 작아지기도 하는 현상을 '간섭'이라고 합니다. 빛이 간섭을 일으키면 밝거나 어두운 간섭무늬가 만들어집니다.

햇빛은 빨강부터 보라까지 서로 다른 파장을 가진 빛으로 구성되어 있습니다. 파장이 퍼져 있기 때문에 각각의 간섭무늬도 인접해서 다른 위치에 생겨납니다. 다시 말해 빨강, 주황, 노랑, 초록, 파랑, 남색, 보라색 순으로 간섭무늬가 생겨나면서 이것이 우

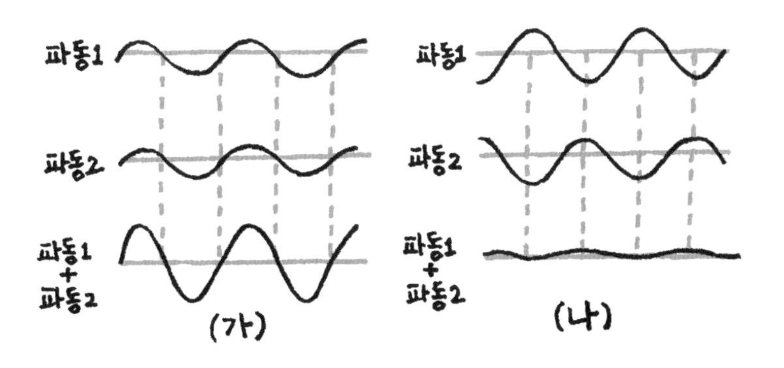

리 눈에 무지개처럼 보이게 되는 겁니다. CD 표면의 작은 돌기들이 물방울 구실을 하는 셈이지요.

비눗방울 놀이를 할 때 대롱에 묻은 비눗물을 불면 예쁜 비눗방울들이 만들어집니다. 비눗방울이 아름다운 이유는 무엇인가요? 잘 알고 있듯이 표면이 영롱한 무지개색을 띠고 있기 때문이지요. 비눗방울의 무지개 역시 비눗방울에서 반사된 빛이 간섭을 일으키기 때문입니다. 비눗방울뿐만 아니라 물 위에 뜬 얇은 기름막에서도 같은 이유로 무지개가 생깁니다.

26

아이돌 없는 아이돌 콘서트가 있다고?

E=mc²

외국에서 온 친구가 케이팝 공연을 너무 보고 싶어 합니다. 친구를 데리고 아이돌 그룹의 공연을 보러 갔습니다. 신나는 노래와 춤에 시간 가는 줄 몰랐습니다. 공연이 끝나고 나오는데 여기저기서 "진짜 아이돌들이 나온 것 같아" 하고 탄성을 내지릅니다. 대체 우리가 누구의 공연을 본 것이었을까요?

케이팝의 인기가 대단하다 보니 시도 때도 없이 공연을 보고 싶어하는 열성 팬들이 많아졌습니다. 연예 기획사에서 과학 기술을 이용해 팬들이 보기에도 진짜 같은 가짜 공연을 만들었습니다. 실제 가수들이 나오는 것처럼 보이게 하는 이런 3차원 입체 영상을 만드는 데 사용하는 기술은 홀로그램과 관련이 깊습니다. 영화 〈스타워즈〉에서 로봇 알투디투(R2D2)가 레아 공주의 3차원 입체 모습을 공중에 띄울 때 사용한 것이 바로 홀로그램입니다.

또 무지갯빛 마크가 붙어 있는 신용 카드를 이리저리 돌려 보면 마크에서 3차원 형상을 볼 수 있습니다. 이것도 햇빛을 이용하는 홀로그램인데 신용 카드의 위조를 막기 위해 사용됩니다. 홀로그램은 레이저 같은 광원을 사용해 공간에 3차원 영상을 만드는 기술로, 영국의 물리학자 가보르가 처음으로 발견하였습니다. 가보르는 이 공로로 1971년에 노벨 물리학상을 받습니다.

》 사진은 평면, 《 홀로그램은 입체

일반 사진기는 카메라 렌즈를 통해 들어온 빛으로 필름을 감광시킵니다. 그런 후 필름을 화학 처리하여 영상을 복원하고 이를 인화지에 옮기면 우리가 보는 사진이 됩니다. 필름 카메라가 아닌 디지털 카메라는 필름 대신 반도체 소자를 사용해 영상을 저장하고 이것을 모니터로 보거나 출력할 수 있습니다. 필름 카메라든 디지털 카메라든 평면에 영상 자체를 그대로 담기 때문에 입체 영상은 볼 수 없습니다. 쉽게 말해 친구 사진을 찍으면 친구의 앞모습만 보이지 친구의 옆모습이나 뒷모습은 볼 수 없습니다. 홀로그램은 사진의 이런 단점을 보완하여 친구의 모습 전체를 볼 수 있게 해 줍니다.

홀로그램이 찍힌 필름은 카메라로 찍은 필름과 전혀 다릅니다. 카메라의 필름에서는 찍은 영상을 볼 수 있지만 홀로그램의 필름에서는 놀랍게도 영상을 전혀 알아볼 수가 없습니다. 이상하게 찌그러진 수많은 줄만 볼 수 있습니다. 홀로그램의 필름이 이처럼 다른 것은 홀로그램의 촬영과 재생 방법이 독특하기 때문입니다.

홀로그램을 찍는 방법은 간단합니다. 2개의 레이저 광선을 하나는 반사경에, 다른 하나는 찍으려는 물체에 쏘아 줍니다. 그러면 물체에서 반사된 빛과 반사경에서 반사된 빛이 겹쳐질 때 빛의 간섭 현상이 일어나면서 이상하게 찌그러진 수많은 줄 모양의 복잡한 간섭무늬가 투명 필름 위에 만들어집니다. 간섭 현상은 CD의 무지개색에서 보았듯이 여러 파동이 한 장소에서 만날 때 일어나는 현상으로, 파동의 마루나 골이 어떤 상태로 만나느냐에 따라 파동의 세기가 커지기도 하고 작아지기도 하면서 밝고 어두운 간섭무늬가 나타나게 됩니다.

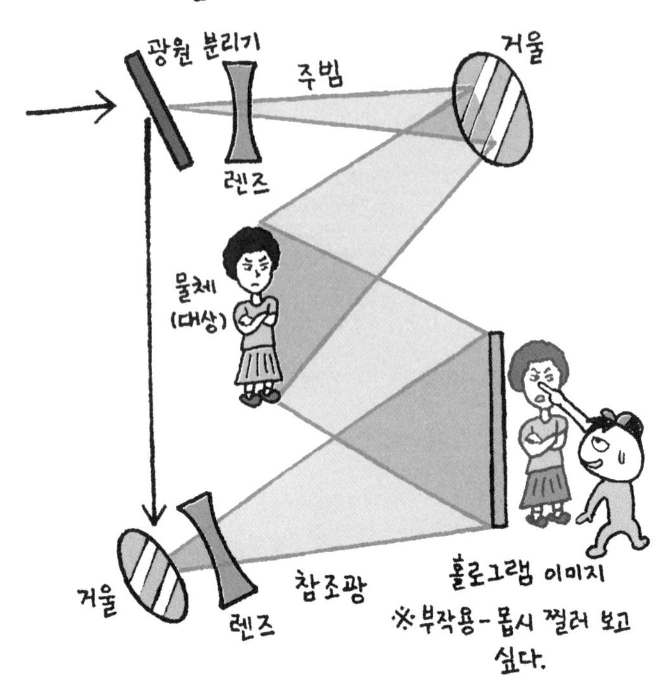

》홀로그램에도《
간섭무늬의 원리가 적용돼

홀로그램이 담긴 필름을 맨눈으로 보면 물체의 영상과는 전혀 관련이 없습니다. 물체의 3차원 영상을 보려면 찍을 때와 반대인 과정이 필요합니다. 홀로그램을 찍을 때 반사경에서 반사된 레이저 광선의 방향으로 1개의 레이저 광선을 필름에 비추면, 간섭무늬에 의해 필름 뒤편에 3차원 입체 영상이 만들어집니다. 만들어진 영상은 원래 물체를 볼 때처럼 앞뒤 위아래 모습을 모두 볼 수 있어 정말 신기합니다. 요즘에는 홀로그램 기술이 더욱 발전하여 물체를 직접 찍지 않고 컴퓨터 계산과 처리를 통해 필름 위에 간섭무늬를 만드는 디지털 홀로그램도 있습니다.

홀로그램 필름은 사진 필름과 달리 일부가 불타 없어지더라도 영상 복원에 문제가 없습니다. 일반 사진은 일부가 불타면 불탄 부분은 볼 수 없지만, 홀로그램 필름은 간섭무늬의 특성에 의해 작은 조각만 있어도 전체 영상을 볼 수 있습니다. 단 재생한 영상이 어두워지는 단점은 있습니다.

집에서 홀로그램을 직접 만들어 보고 싶지 않나요? 최근 스마트폰을 사용해 홀로그램을 만드는 방법이 유튜브 등에 많이 소개되어 있습니다. 스마트폰에서 재생되는 동영상 위에 CD 케이스로 만든 피라미드 모양의 사각뿔을 거꾸로 올려놓고 홀로그램처럼 3차원 입체 영상을 보는 것입니다. 이것은 홀로그램과 원리가 다르기 때문에 유사 홀로그램이라고 부릅니다. 공연장에서 보는 가수들의 홀로그램 역시 유사 홀로그램입니다. 고해상도 프로젝터를 사용하여 대형 투명 스크린에 동영상을 투사하는 방식으로 3차원 입체 영상을 보여 줍니다.

뉴턴의 광학 실험

1665년 뉴턴의 고향
흑사병이다! 어둠의 힘이 빛을 지배한다~ 우린 다 죽었다.
아닙니다. 흑사병은 전염병일 뿐입니다.

그리고 세상은 빛과 어둠만 있는 게 아닙니다. 누구나 쉽게 프리즘으로 확인할 수 있습니다.

먼저 어두운 장소가 필요합니다. 참고나 헛간이 좋아요.

날카로운 못으로 문에 구멍을 뚫어 빛이 들어오게 합니다.

구멍은 하나만 뚫습니다. 여러 개 뚫으면 정신이 없어집니다.

못 쓰는 의자 등받이에 흰 천을 씌우고 들어오는 빛이 맺히게 합니다.

자 이제 보시는 바와 같이 프리즘을 정확히 빛에 갖다 댑니다.

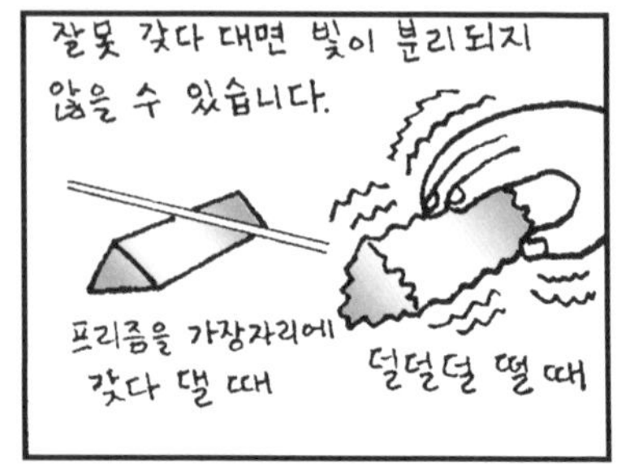
잘못 갖다 대면 빛이 분리되지 않을 수 있습니다.
프리즘을 가장자리에 갖다 댈 때
덜덜덜 떨 때

자 ~ 빨주노초파남보가 보이나요?

뭐야 프리즘에 물감 발라 놓은 거 아냐?
그럴 줄 알고 프리즘을 하나 더 준비했습니다.

프리즘을 하나 더 추가해 무지갯빛에 갖다 대면 원래의 태양빛으로 변하는 게 보이나요?
진짜네 그럼 빛은 하나가 아니라 일곱 개가 합체한 거야?

음 저도 빛이 어떤 성분으로 이루어져 있는지 연구 중입니다.

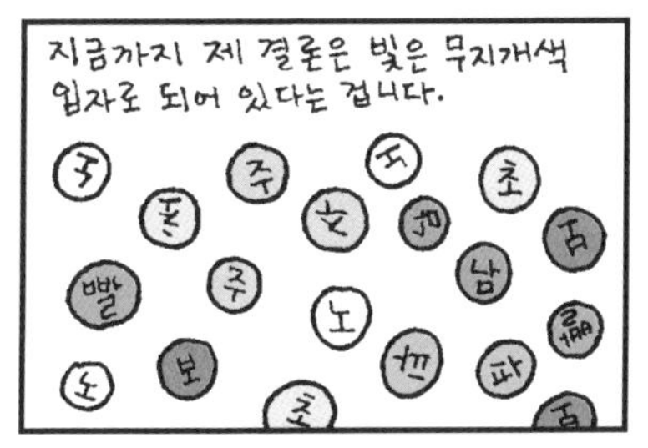
지금까지 제 결론은 빛은 무지개색 입자로 되어 있다는 겁니다.

입자? 그럼 우리가 매일 빨주노초파남보를 먹고 똥 싼다 말입니까?
긁적 긁적
글쎄요~

5장

흔들림은 진동, 퍼져 나가는 건 파동

27

걷는 데도 물리학이 필요하다고?

번지 점프를 하러 갔습니다. 점프대에 올라서기 전까지는 뛸 자신이 있었는데 닥치고 보니 장난 아니게 겁이 납니다. 모두들 뛰어내리는데 나만 꾸물대면 창피할 것 같아 눈을 딱 감고 몸을 날립니다. 막상 뛰어내리니 언제 겁을 냈나 싶게 하늘을 나는 기분이 너무 좋습니다. 호수가 눈앞에 닿을 듯 다가왔다가 다시 멀어지길 수차례 반복하다가 멈춥니다. 번지 점프 줄에 매달려 떨어지면 왜 바로 멈추지 않고 위아래로 흔들리는 걸까요?

물체가 위아래 또는 좌우로 규칙적으로 흔들리는 것을 **진동**★이라고 합니다. 번지 점프 줄에 매달린 몸이 진동하는 것은 번지 점프 줄이 **복원력**★★이라는 힘을 우리 몸에 작용하기 때문입니다. 복원이란 단어의 뜻은 원래 상태로 되돌린다는 것입니다. 번지 점프 줄은 여러 가닥의 고무줄을 꼬아 만듭니다. 고무줄의 한쪽 끝을 잡고 다른 쪽 끝을 놓으면 고무줄이 지면에 수직하게 됩니다. 이때 고무줄의 길이는 원래 길이와 같습니다. 고무줄을 수직으로 잡고 아래쪽 끝을 아래로 당겼다가 놓으면 고무줄은 원래 길이로 되돌아가기 위해 위로 힘이 작용합니다. 고무줄에 작용하는 힘처럼 원래 위치로 되돌리려는 힘을 복원력이라고 부릅니다.

고무줄 외에 용수철에도 복원력이 작용합니다. 탁자 위에 용수철을 놓고 용수철을 잡아당기면 원래 위치로 줄어들려고 합니다. 반대로 용수철을 압축시키면 다시 원래 위치로 늘어나려고 합니다. 용수철을 당기거나 압축시킬 때 모두 복원력이 작용합니다. 물체를 줄에 매달아 수직 위치로부터 오른쪽이나 왼쪽으로 당겼다가 놓으면 물체는 원래 수직 위치로 되돌아가려고 합니다. 이 역시 줄에 매달린 물체에 복원력이 작용하기 때문입니다.

★ **진동** 물체가 규칙적으로 동일한 운동을 반복하는 현상. 진동을 하려면 물체에 복원력이 작용해야 한다.

★★ **복원력** 원래 위치나 상태로 되돌리려는 힘. 용수철이나 고무줄 등이 물체에 복원력을 일으킨다.

복원력은 원래 위치에서 멀어질수록 힘의 크기가 세지는 특성이 있습니다. 용수철을 더 많이 당기거나 압축할수록 되돌아가려는 힘도 커집니다. 번지 점프 줄이나 물체가 매달린 줄도 마찬가지입니다.

》관성과 복원력이《 진동을 만들어 내

이제 물체에 복원력이 작용하면 왜 물체가 진동하는지 알아봅시다. 용수철에 물체가 매달려 있다고 상상해 봅시다. 물체를 오른쪽으로 당겨 용수철의 길이를 늘어나게 하면, 용수철은 원래 위치로 돌아가려고 복원력을 왼쪽으로 작용합니다. 잡고 있던 물체를 놓아 주면 물체가 복원력 때문에 왼쪽으로 움직이기 시작합니다. 물체가 용수철의 원래 위치에 가까워질수록 복원력의 크기는 줄어들지만 여전히 가속도가 작용해 물체의 속도는 빨라집니다. 물체가 용수철의 원래 위치에 도달하면 복원력은 0이지만 물체의 속도는 최대가 되어 관성 때문에 원래 위치에서 멈추지 못하고 계속 왼쪽으로 움직입니다. 그런데 물체가 용수철의 원래 위치보다 왼쪽에 있게 되면 이제는 복원력의 방향이 오른쪽으로 바뀌어 물체의 속도가 계속해서 줄어듭니다. 왼쪽으로 이동하던 물체의 속도가 0이 되면 오른쪽으로 작용하는 복원력에 의해 이번에는 오른쪽으로 물체가 가속되기 시작하여 원래 위치로 향합니다. 앞서 왼쪽으로 이동할 때처럼 복원력이 사라지는 원래 위치에서도 관성에 의해 물체가 멈추지 못하고 오른쪽으로 이동합니다. 원래 위치를 지나면 복원력 방향이 물체의 운동 방향과 반대가 되어 물체의 속도가 줄어들고 속도가 0이 되면 처음 설명한 것과 동일하게 왼쪽으로 이동하기 시작합니다. 이런 운동이 반복되면서 용수철에 매달린 물체는 진동을 하게 됩니다.

》 걷는 데도 《 물리학이 필요하다고?

진동은 복원력과 관성이 함께 만들어 내는 멋진 운동입니다. 용수철에 매달린 물체, 긴 줄에 매달린 물체, 번지 점프 줄에 매달린 사람의 진동 모두 복원력과 관성이라는 동일한 물리학 원리에 따라

나타난 결과입니다. 주위에서 진동하는 대상을 만나면 무엇이 대상에 복원력을 작용하는지 잘 살펴보기 바랍니다. 진동에는 반드시 복원력이 따른다는 사실을 확인할 수 있습니다.

사람이 걷는 모습을 관찰해 보면 재미있는 사실을 발견할 수 있습니다. 보통 사람은 1초에 한 걸음씩 걷습니다. 키 큰 사람의 걸음걸이는 이보다 조금 느리고 키 작은 사람의 걸음걸이는 이보다 조금 빠르지만 크게 다르지 않습니다. 사람이 1초에 두 걸음씩 걷기는 상당히 어렵습니다. 따라서 남보다 빨리 걸으려면 보폭을 늘리는 수밖에 없습니다. 왜 그럴까요? 사람의 발이 진동을 하기 때문입니다. 긴 줄에 매달린 물체의 진동수가 줄의 길이와 물체의 무게에 의해 결정되는 것처럼, 걸음의 진동수는 발의 길이와 무게에 의해 결정됩니다.

28

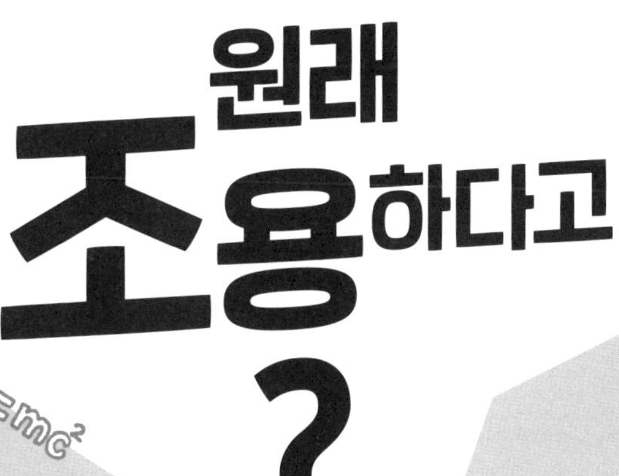

E=mc²

영화 〈스타워즈〉를 보면 우주에서 벌어지는 전투가 자주 등장합니다. 연합군의 X윙 전투기와 제국 군대의 타이 전투기가 한바탕 공중전을 벌입니다. 엄청난 화염과 폭발음을 일으키며 연합군의 전투기들이 폭파됩니다. 간신히 살아남은 X윙 전투기 한 대가 제국 군대의 우주선 안으로 침투해 폭탄을 떨어뜨리자 우주선이 엄청난 폭발음과 함께 폭파됩니다. 이 장면에서 관객들은 안도의 한숨을 내쉽니다. 실제로 우주 전쟁이 일어난다면 이와 같을까요?

음악이나 소리가 없는 영화를 본 적이 있나요? 귀를 막고 공포 영화를 본다고 상상해 보세요. 공포 영화에서 소리가 빠지면 공포감을 느끼기 어렵습니다. 〈스타워즈〉 영화에서도 소리가 빠지면 김 빠진 콜라를 마시는 것 같을 거예요. 그런데 실제로 우주에서 전투가 일어나게 된다면 엄청난 화염은 볼 수 있지만 소리는 전혀 들리지 않습니다. 영화를 실제처럼 만들면 너무 재미가 없기 때문에 물리학적으로는 맞지 않지만 관객들의 즐거움을 위해 폭발음을 넣은 겁니다.

》 소리가 전달되려면 《 공기나 쇠 파이프 같은 매질이 필요해

소리[★] 같은 **파동**[★★]이 한 장소에서 다른 장소로 전달되기 위해서는 '매질'이 필요합니다. 일상생활에서는 공기가 소리의 매질이 됩니다. 공기뿐만 아니라 땅, 쇠 파이프 등도 소리를 전달하는 매질이 될 수 있습니다. 아주 긴 쇠 파이프의 한쪽 끝을 친구가 약하게 두드려도 반대쪽 끝에 귀를 대고 있는 나에게 그 소리가 잘 들립니다. 귀를 쇠 파이프에서 떼면 소리가 약해 잘 들리지 않습니다. 우주 공간은 아무것도 없는 진공 상태입니다. 따라서 소리를 전달할

★ **소리** 1초에 20번에서 2만 번 정도의 떨림이 귀에 닿을 때 우리는 소리로 느끼게 된다.
★★ **파동** 떨림이 매질을 통해 공간으로 퍼져 나가는 것으로, 소리나 수면파 등이 좋은 예이다. 매질을 이동시키지는 못하지만 에너지를 전달할 수 있다.

매질이 없기 때문에 폭발이 일어나도 소리가 들리지 않습니다.

소리를 만드는 방법은 여러 가지가 있습니다. 줄에 손가락을 대고 떨거나 악기 줄을 당겼다 놓듯, 물체를 두드려 물체를 떨리게 하면 소리가 발생합니다. 그러면 떨림이 주위 공기 분자들을 떨게 하고 이 떨림이 다시 옆의 공기 분자들을 떨게 하여 공간으로 퍼져 나갑니다. 마지막에 우리 귀 근처에 있는 공기 분자들의 떨림이 귀의 고막을 떨게 하여 소리를 듣게 됩니다. 우리 귀는 특이하게도 1초에 적게는 20번에서 많게는 2만 번 정도 떨리는 떨림만을 듣습니다. 1초에 20번 이하로 떨리는 것은 귀가 아니라 몸으로 느낍니다. 원시 부족들이 전쟁에 나가기 전 큰북을 치는 이유는 북소리와 함께 북의 낮은 떨림이 몸을 흥분시키기 때문입니다. 또 1초에 2만 번 이상 떨리면 우리 귀에는 들리지 않는 초음파가 발생합니다. 우리는 이 소리를 들을 수 없지만 개들은 들을 수 있습니다.

쇠 파이프를 두드려 떨림을 만들면 이 떨림이 주변 쇠 파이프의 철 원자들을 떨게 하고 이 떨림이 다시 옆에 있는 철 원자들을 떨게 하여 소리가 파이프를 타고 전달됩니다. 공기는 기체이기 때문에 공기 분자들이 띄엄띄엄하게 떨어져 있어 떨림이 느리게 전달됩니다. 반면 쇠 파이프에서는 철 원자들이 가까이 붙어 있어 떨림이 빨리 전달됩니다. 이것이 매질에 따라 소리가 전달되는 속도가 달라지는 이유입니다. 공기 속에서는 초속 340m 정도로 소리가 전달되지만 물속에서는 초속 1480m, 철 속에서는 무려 초속 5000m가 넘습니다.

》분자들의 떨림이 이동하여《 소리를 전달

소리 외에도 매질을 통해 전달되는 파동은 많습니다. 잔잔한 호수에 돌을 던지면 수면파라고 부르는 원형의 파동이 호수에 퍼져 나갑니다. 수면파가 지날 때 물 위에 떠 있는 나뭇잎이 움직이는 것을 본 적이 있나요? 나뭇잎은 위아래로 흔들릴 뿐 수면파를 따라 이동하지는 않습니다. 파동은 떨림이 이동하는 것이지 매질을 이동시키지는 않습니다. 우리가 말을 하면 혀 주위의 공기가 듣는 사람의 귀까지 이동해서 소리를 전달하는 것이 아닙니다. 말을 했을 때 공기 분자들의 떨림만을 계속해서 옆으로 전달해서 최종적으로는 듣는 사람 귀 주위의 공기 분자들을 떨리게 해서 들을 수 있게 됩니다.

파동은 매질을 이동시키지는 못하지만 에너지는 전달할 수 있습니다. 예를 들어 호숫가에 매어 놓은 배에 수면파가 닿으면 배가 흔들흔들합니다. 수면파가 배를 운동시키는 에너지를 공급했기 때문입니다. 따라서 파동을 이용하면 에너지를 전달할 수 있습니다.

미국의 서부 영화를 보면 기병대와 대치하는 인디언들이 귀를 땅에 대고 있는 장면을 볼 수 있습니다. 인디언들이 무엇을 하고 있는 것일까요? 기병대의 말발굽 소리를 듣기 위해서 귀를 땅에 대고 있었던 것입니다. 공기를 통해 전달되는 소리의 속도보다 땅을 통해 전달되는 소리의 속도가 더 빠르고, 더 크게 들립니다.

멀리 있는 기병대의 말발굽 소리가 공중에서는 들리지 않지만 땅을 통해서는 더 빨리 잘 들립니다. 물리학을 배우지 않았어도 옛날 사람들은 경험을 통해 물리학 지식을 알고 있었던 겁니다.

29

어떻게 친구 목소리를 구별할 수 있을까?

얼마 후면 교내 합창 대회가 열립니다. 지휘를 맡으면 목소리가 너무 크거나 너무 작은 친구들을 쉽게 찾아낼 수 있습니다. 악보에 따라 같은 음을 내지만 누구 목소리인지 구별이 되기 때문이지요. 도레미처럼 같은 음 높이의 소리를 내는데 누구의 소리인지 우리 귀는 어떻게 구별해 내는 것일까요?

우리는 교향곡을 들으면 어떤 악기들이 연주되고 있는지 각각 구분할 수 있습니다. 바이올린이나 첼로, 트럼펫, 피아노가 내는 소리의 맵시가 모두 다르기 때문입니다. 목소리로 사람을 구별하는 것 또한 교향곡을 들으면서 어떤 악기들이 연주되고 있는지를 구분하는 것과 같습니다. 같은 음높이의 소리를 내지만 저마다 소리의 맵시가 다르기 때문에 누가 낸 소리인지 쉽게 구별할 수 있습니다. 소리의 맵시를 이해하기 위해서는 우선 각기 다른 소리를 가진 사람들과 악기들이 같은 음높이의 음을 낸다는 것이 무엇인지 이해해야 합니다.

》악기나 목소리가《 1초에 260번 진동하면 '도'

앞서 소리가 파동의 한 종류라고 이야기했습니다. 파동은 일정한 공간에서 동일한 모양이 반복되는 특성을 가집니다. 예를 들어 줄의 한쪽 끝을 벽에 고정하고 줄의 반대쪽 끝을 바닥과 수평이 되도록 당긴 후 줄을 위아래로 규칙적으로 흔들면 파동이 줄을 타고 벽 쪽으로 이동합니다. 일정한 간격으로 떨어져 있는 파동의 마루들이 이동하는 것을 볼 수 있습니다.

파동을 관찰했을 때 마루와 마루 사이 혹은 골과 골 사이의 간격을 '파장'이라고 부릅니다. 줄을 위아래로 더 빨리 흔들면 더 많은 마루들이 생겨 이동하게 됩니다. 파동의 '진동수'는 1초에 몇 개의 마루가 만들어지는지를 알려 줍니다. 자연에서 **파장과 진**

동수★를 곱한 값이 파동의 이동 속도와 같습니다.

우리의 귀는 진동수가 1초에 20번에서 2만 번까지 나는 공기 진동을 소리로 인식합니다. 진동수가 작은 소리는 낮은 음으로, 진동수가 큰 소리는 높은 음으로 인식합니다. 악기 소리나 목소리가 1초에 260번 정도 진동할 때, 우리 귀는 이 소리를 '도' 음으로 듣습니다. 330번 정도 진동하면 '미', 390번 정도 진동하면 '솔' 음으로 듣는 식입니다. 이것을 파장으로 환산하면 '도'는 131cm, '미'는 103cm, '솔'은 87cm 정도가 됩니다. 이처럼 귀는 소리의 진동수 또는 파장만으로 소리의 음정을 판단합니다. 어떤 모양의 소리가 한 파장마다 반복되는지는 소리의 음정을 판단하는 데 상관이 없습니다. 교향악단의 반주에 맞춰 가수가 노래를 부를 때, 악기의 소리 모양이나 가수의 목소리 모양이 달라도 파장 또는 진동수만 같다면 같은 음으로 생각합니다.

» 종소리의 파형은 단순한데 « 바이올린은 오르락내리락

지금까지 다양한 악기가 내는 소리와 음성을 동일한 음으로 듣는 이유를 살펴보았습니다. 이제 같은 음을 내더라도 피아노인지 사람 음성인지, 사람 음성이라도 내 친구인지 다른 사람의 음성인지 어떻게 알아내는지 알아봅시다. 음의 파장은 같지만 음의 모양이 다르다는 것이 그 답입니다. 한 파장 안의 소리의 모양을 **소리의 맵시**★★ 또는 음색이라고 부릅니다. 종소리는 단순한 소리를 내는 반

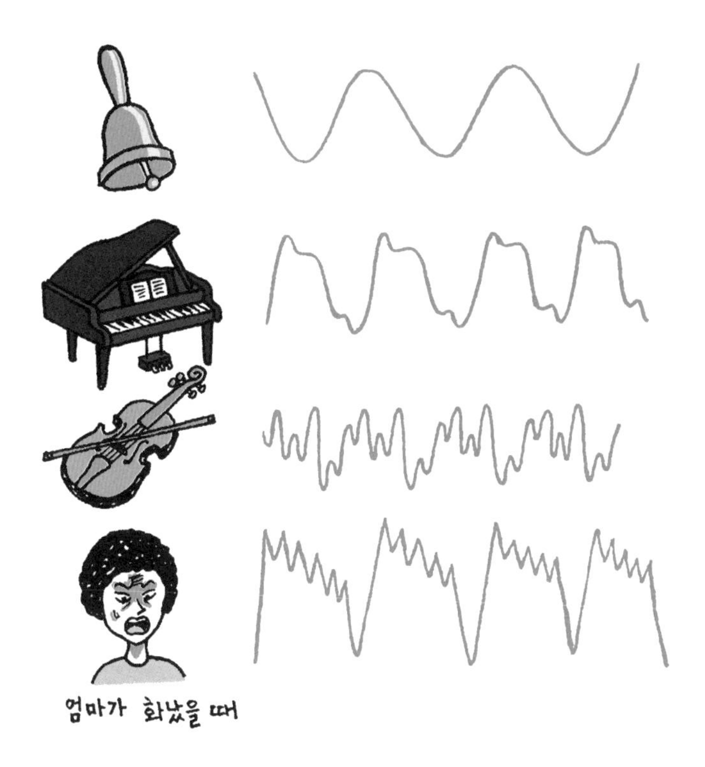

면 바이올린 소리는 날카롭고 애절합니다. 또 트럼펫 소리는 금속성의 웅장한 느낌을 주고 콘트라베이스 소리는 묵직한 느낌이 납니다. 이런 것이 소리의 맵시입니다. 소리의 맵시는 소리의 모양인 파형을 보면 잘 알 수 있습니다. 앱을 이용하여 마이크로 녹음한 소리의 파형을 컴퓨터 화면에서 볼 수 있습니다.

★ **파장과 진동수** 파장은 파동의 마루 사이의 거리를 말한다. 진동수는 동일한 파형이 1초에 몇 번 반복되는지 말해 주며, 파장과 진동수를 곱한 값이 파동의 이동 속도가 된다.

★★ **소리의 맵시** 파동의 모양인 파형에 의해 악기나 사람을 구별할 수 있으며, 소리의 맵시는 파형으로 결정된다.

종소리나 금속을 두드릴 때 나는 소리는 그림에서 보듯이 파형이 부드럽고 단순합니다. 피아노 소리의 파형은 사각 모양에 가깝고 약간의 작은 혹을 가지고 있습니다. 바이올린 소리는 파형이 오르락내리락하며 변화가 심합니다. 종소리, 피아노 소리, 바이올린 소리의 파형 모두 잘 보면 동일한 모양이 반복되는 파동이라는 것을 알 수 있습니다. 파동의 파장이나 진동수가 같으면 동일한 음으로 들립니다. 하지만 파형이 다르므로 소리의 맵시가 달라 어느 악기 또는 누가 소리를 낸 것인지 알 수 있습니다. 전문가가 되면 파형만 보고도 악기를 구분할 수 있습니다. 경찰은 음성의 파형을 분석하여 동일 인물인지 아닌지 판단하여 범인을 잡는 데 사용합니다.

노래를 못하는 사람을 음치라고 부릅니다. 음치가 무엇인지 물리학 지식을 활용해 설명할 수 있을까요? 음치란 반주 악기의 음과 목소리의 음이 다른 사람을 일컫습니다. 반주를 하는 악기는 진동수가 1초에 330번인 '미' 음을 연주하는데 음치는 1초에 260번인 '도' 음을 내니 노래가 반주와 안 맞아 듣기 괴롭습니다. 또한 음치는 소리의 진동수를 구별하는 능력이 떨어져 자신이 다른 음을 내고 있다는 것을 모를 때가 많습니다. 음치여서 고민하고 있나요? 누구라도 소리의 진동수를 구별하는 훈련을 하면 음치를 벗어날 수 있으니 너무 실망하지 않아도 됩니다.

30

목소리로 유리잔을 깰 수 있다고?

비가 오고 번쩍번쩍 번개가 치면서 엄청난 천둥소리가 울려 퍼집니다. 창문이 덜컹덜컹하는데 이러다 유리창이 깨지는 건 아닌지 덜컥 겁이 납니다. 인터넷에 보면 목소리로 유리잔을 깨는 묘기도 있던데 정말로 소리 때문에 유리가 깨질 수 있을까요?

폭우와 천둥 번개가 잦은 한여름에 유리창이 깨질까 봐 걱정을 한 적 있을 거예요. 하지만 천둥소리에 유리창이 깨지는 일은 아주 드뭅니다. 태풍이 올 때 강풍 때문에 유리창이 깨지는 일은 있지만 천둥소리 때문에 유리창이 깨지지는 않습니다. 그렇다고 소리의 위력을 무시해서는 안 됩니다. 인터넷 검색을 해 보면 목소리로 유리잔을 깨는 동영상을 찾을 수 있습니다. 유리잔 앞에서 목소리를 높이자 유리잔이 깨집니다. 슬로 모션으로 유리잔이 깨지는 모습을 보면, 유리잔이 이상하게 찌그러지며 진동을 하다가 진동이 커지면서 마침내 깨집니다. 듣기엔 조금 시끄러운 정도의 목소리인데 단단한 유리잔이 깨지는 것이 참 신기하죠?

》 약한 바람에 붕괴된 《 타코마 다리

소리로 유리잔을 깨는 현상은 물리학의 **공명 또는 공진**★ 현상과 관계가 깊습니다. 일반인들에게는 생소하지만 물리학에서는 잘 알려진 현상이에요. 공명 현상이 널리 알려지게 된 계기는 미국에서 일어난 한 사건 때문입니다. 1940년 7월 미국 워싱턴주 타코마 해협에 현수교가 건설되었습니다. 당시 미국이 가진 최고 기술로 세워진 타코마 다리는 미국인들의 자존심이었습니다. 그런데 지은

★ **공명(공진)** 진동하는 두 대상의 진동수가 같아질 때 진동이 커지는 현상

지 4개월이 지난 1940년 11월, 약한 바람이 불어오자 다리가 춤을 추듯 출렁이다가 결국 견디지 못하고 끊어져 버렸습니다. 다행히 인명 피해는 없었지만 미국인들의 자존심이 큰 상처를 입었습니다. 이 사고를 조사한 전문가들은 다리의 붕괴가 바람과 다리의 공명 때문이라고 결론짓고, 공명을 예방하는 다리 건설 기준을 마련해 지금은 이런 일이 일어나지 않습니다.

공명은 두 대상의 진동수가 맞을 때 진동이 커지는 현상을 말합니다. 공명은 우리 주위에서도 쉽게 발견할 수 있습니다. 그네를 밀 때 우리는 공명을 모르면서도 경험적으로 공명을 이용합니다. 그네에 탄 아이의 등을 밀어 준다고 가정해 봅시다. 아이가 위로 올라갔다가 내려오기를 기다려 다시 등을 밀어 주면 아이가 좀 더 멀리 올라갑니다. 이런 행동을 반복하면 그네의 진동이 점점 커집니다. 이것이 바로 공명입니다. 그네의 진동수와 내가 아이를 밀어 주는 진동수가 같으면 그네의 진동이 더욱 커지는 공명이 일

어납니다. 눈을 가리고 무작정 아이를 밀게 되면, 다시 말해 두 진동수가 다르면 당연히 공명이 일어나지 않아 그네의 진동은 커지지 않겠지요. 라디오나 TV의 특정 방송국을 선택할 때도 공명이 이용됩니다. 이 경우 특정 방송국에서 보낸 전파의 진동수와 라디오나 TV의 전자 회로 진동수를 같게 하면 특정 방송을 시청할 수 있습니다.

» 진동수만 맞추면 «
작은 소리로도 유리잔이 와장창

유리잔 끝부분을 물이 묻은 손가락으로 둥글게 문지르면 특유의 소리를 냅니다. 이런 소리가 나는 것은 유리잔이 진동을 하기 때문입니다. 유리잔을 가볍게 두드릴 때 나는 소리 역시 유리잔의 진동 때문입니다. 유리잔에 채운 물의 양에 따라 다른 소리가 나는 것도 물에 의해 유리잔의 진동수가 달라지기 때문입니다. 유리잔 앞에서 소리를 지르면 그네의 공명처럼 유리잔의 진동과 목소리의 진동이 만나게 됩니다. 그런데 유리잔과 목소리의 진동수가 같으면 공명이 일어나 유리잔의 진동이 점점 더 커지게 되고 유리잔이 더 이상 견딜 수 없게 되면 유리잔이 깨지게 됩니다. 따라서 유리잔을 목소리로 깨뜨리려면 목소리의 성량이 중요한 것이 아니라 성량은 작더라도 유리잔의 진동수와 같은 소리를 계속해서 내는 것이 중요합니다. 그러면 유리잔의 진동이 점차 커져 유리잔이 깨지게 됩니다. 목소리로 유리잔을 깨는 마술을 보여 주려면 자신이 잘 내는 목소리의 진동수와 사용할 유리잔의 진동수를 알아야 합니다. 두 진동수가 다르면 아무리 소리를 질러도 유리잔이 깨지지 않기 때문입니다. 같은 이유로 천둥소리가 커도 유리창은 잘 깨지지 않습니다.

최근 들어 지어지는 긴 다리는 대부분 현수교입니다. 현수교를 보면 아주 굵고 긴 주 케이블이 있고 주 케이블로부터 수직으로 내려와 상판과 연결된 수많은 가는 케이블들이 달려 있습니다. 가는 케이블을 많이 사용하는 이유는 무엇일까요? 악기를 보면 알 수 있듯이 길이가 다른 줄은 다른 진동수의 소리를 냅니다. 줄의 길이가 짧을수록 높은 진동수의 소리를 냅니다. 현수교에 있는 길이가 다른 수많은 줄은 다리로 불어오는 바람의 에너지를 서로 다른 진동수의 진동 에너지로 바꾸는 역할을 합니다. 이 때문에 공명이 일어날 가능성을 낮춰 다리가 붕괴되는 것을 막아 줍니다.

6장

일과 에너지는 무슨 관계일까?

31

힘을 적게 쓰면 일도 줄어들까?

엄청 큰 돌덩이가 도로 위에 떨어져 있습니다. 자동차가 지나갈 수 있게 돌을 치워야 하는데 두 사람이 힘을 합쳐도 꿈쩍도 하지 않습니다. 포클레인이 있다면 금방 치울 수 있는데 주변에 그런 장비는 없습니다. 이럴 때 어떻게 하면 돌덩이를 옆으로 옮길 수 있을까요?

먼저 주위에 튼튼한 통나무가 있는지 살펴보세요. 굵은 통나무로 지레를 만들고 돌덩이를 들어 옆으로 굴리면 됩니다. 시간이 있다면 나무를 깎아 도르래를 만들고 밧줄을 걸어 돌을 들면 돌 무게보다 훨씬 작은 힘으로도 돌을 움직일 수 있습니다. 왜 지레나 도르래를 사용하면 힘이 덜 들까요?

도르래는 홈이 파인 바퀴에 줄을 걸어 물건을 들어 올리거나 잡아당기는 데 사용하는 도구입니다. 도르래는 고정 도르래와 움직도르래, 또 이 두 가지를 혼합한 복합 도르래가 있습니다. 시골 우물에서 두레박의 물을 퍼 올릴 때 사용하는 것은 고정 도르래입니다. 도르래가 우물 지붕에 고정되어 있기 때문입니다. 고정 도르래는 힘을 전달만 하지 물체를 들어 올리는 데 필요한 힘의 크기는 줄여 주지는 못합니다. 두레박에 물이 많이 담겨 무거우면 두레박을 끌어 올리는 데도 역시 힘이 듭니다.

반면 움직도르래는 힘의 크기를 절반으로 줄여 줄 수 있습니다. 작은 힘으로 두레박을 들어 올리기 위해 고정 도르래에 움직도르래를 연결해 사용하면 큰 힘을 들이지 않고 많은 물을 길어 올릴 수 있습니다. 우물 지붕에 도르래 하나를 고정하고 옆에 줄의 한쪽 끝도 고정합니다. 줄이 움직도르래를 거치고 고정 도르래를 거치게 한 다음 줄을 잡아당기면 절반의 힘으로 두레박의 물을 길어 올릴 수 있습니다. 움직도르래는 고정 도르래에 비해 힘을 절반으로 줄여 주기 때문에 고정 도르래에 비해 아주 쓸모가 많아 보입니다. 정말 그럴까요? 움직도르래의 단점은 없을까요?

» 힘을 쓰면 피곤해지는 건 《 일을 했기 때문

움직도르래는 우리가 들여야 할 힘을 절반으로 줄여 주는 장점을 가지고 있지만 줄을 더 많이 당겨야 하는 단점이 있습니다. 다시 말해 움직도르래를 사용하여 도르래에 매달린 물체를 끌어 올리면 고정 도르래를 사용할 때에 비해 힘은 절반으로 줄지만, 줄은 두 배 더 당겨야 합니다. 즉 움직도르래를 사용하면 힘은 줄어들지만 더 오랜 시간 줄을 끌어당기기 때문에 몸이 피곤한 정도가 고정 도르래를 사용했을 때와 같습니다.

물리학에서 일★은 몸이 피곤해지는 정도 또는 에너지의 소모

와 관련이 있습니다. 일은 물체를 이동시키기 위해 작용한 힘과 물체가 이동한 거리를 곱한 것으로 정의합니다. 힘을 주어 물체를 끌면 몸이 피곤한 것이 바로 일을 했기 때문입니다. 움직도르래를 사용하면 힘은 적게 들지만 거리가 늘게 돼 일의 양은 고정 도르래를 사용했을 때와 동일합니다. 세상에 공짜는 없다고 할까요?

» 힘은 적게 드는데 « 일이 주는 건 아니라고?

지레를 사용하면 작은 힘으로도 무거운 물체를 들 수 있는 이유 역시 일과 관계가 됩니다. 다시 맨 앞 장면으로 돌아가서 먼저 돌덩이 가까이에 받침판이 될 만한 단단한 나무를 놓습니다. 통나무를 돌덩이 아래로 넣고 받침나무 위에 걸칩니다. 손으로 통나무 한쪽 끝을 잡고 힘을 가해 누르면 반대편 통나무 끝에 돌을 위로 들어 올리는 힘이 나타납니다. 당연히 힘을 많이 주어 아래로 세게 눌러야 돌이 위로 조금 올라갑니다.

지레 역시 움직도르래처럼 힘은 줄여 주지만 일의 양을 줄이지는 못합니다. 지레를 누른 힘과 지레가 아래로 이동한 거리를 곱한 값이 돌을 들어 올리는 힘과 돌의 이동 거리를 곱한 값과 같

★ **일** 물체를 이동시키기 위해 작용한 힘과 물체가 이동한 거리를 곱한 값. 힘을 주어 물체를 끌면 우리 몸이 피곤한 까닭은 우리 몸이 일을 했기 때문이다.

습니다. 지레가 아래로 이동한 거리가 돌이 이동한 거리보다 훨씬 크기 때문에 누르는 힘은 반대로 돌을 들어 올리는 힘보다 훨씬 작을 수 있습니다. 이것이 지레의 원리입니다.

포클레인을 사용하면 무거운 돌을 쉽게 들어 올릴 수 있습니다. 포클레인에도 도르래나 지레의 원리가 적용될까요? 포클레인은 유체인 기름의 압력을 이용해 물체를 들어 올립니다. 주사기처럼 한쪽의 면적이 다른 쪽 면적보다 큽니다. 작은 면적을 가진 쪽에 작은 힘을 가해 누르면 큰 면적을 가진 쪽에 큰 힘이 나타나 이 큰 힘을 이용해 물체를 옮기게 됩니다. 하지만 힘이 한 일은 같으므로 작은 힘을 가해진 곳은 많이 이동하고 큰 힘이 나타나는 곳은 조금 이동해 일의 양은 같아집니다.

32

움직이면 에너지가 생긴다고?

E=mc²

아파트 공사장에서, 아파트의 골조가 될 수백 킬로그램이 넘는 거대한 강철 빔을 땅에 박고 있습니다. 항타기라고 불리는 거대한 기계가 이 강철 빔을 때려서 조금씩 땅에 박고 있습니다. 항타기는 어떻게 거대한 빔을 땅속에 박아 넣을 수 있을까요?

항타기 내부를 들여다보면 거대한 해머(망치)가 들어 있습니다. 이 해머를 높은 곳에서 떨어뜨려서 크게 가속된 해머를 강철 빔과 충돌시켜 땅속에 박아 넣게 됩니다. 해머가 강철 빔과 충돌할 때 속도를 늘리기 위해 압축 공기, 유압, 디젤의 힘을 빌리기도 합니다. 해머가 떨어질 때 속도가 클수록 강철 빔이 더 빨리 땅속에 박히기 때문입니다.

강철 빔이 땅속에 박히는 까닭을 충돌할 때의 충격력으로 설명할 수 있습니다. 중력에 의해서 가속된 해머가 강철 빔과 충돌하는 순간 강철 빔에 힘을 가합니다. 이 힘이 충격력입니다. 작용-반작용 법칙이라고 부르는 뉴턴의 운동 제3법칙에 의해 해머는 강철 빔에 충격력을 가하는 동시에 강철 빔의 반작용력을 받습니다. 그 결과 강철 빔은 충격력에 의해 땅속에 박히고 해머는 반작용력에 의해 위로 튀어 오릅니다. 이 과정은 엄청나게 빨리 일어납니다. 이런 과정이 반복되어 강철 빔이 점점 더 땅속 깊숙이 박힙니다. 해머와 강철 빔이 충돌할 때 작용하는 충격력은 해머의 무게, 즉 중력에 비해 아주 큰데 그 이유는 아주 짧은 시간에 충돌이 끝나기 때문입니다. 해머가 강철 빔을 때리는 충격력이 얼마인지는 해머와 강철 빔의 접촉 시간과 관계가 있습니다. 접촉 시간이 짧을수록 충격력은 커집니다.

» 일은 에너지로, «
에너지는 일로 바뀌어

강철 빔을 일정한 깊이만큼 땅속으로 박아 넣으려면 해머로 몇 번이나 때려야 하는지 알고 싶다면 어떻게 해야 할까요? 충격력을 알아야 답을 구할 수 있는데, 해머와 강철 빔의 접촉 시간을 모르기 때문에 불가능합니다. 이럴 때 에너지를 사용하면 편리합니다. 앞에서 힘이 작용하여 물체가 이동을 하고, 힘이 일을 하는 것이라고 이야기했습니다. 바닥에 있는 물체를 손으로 끌면 손의 힘이 물체에게 일을 합니다. 그 결과 손 근육이 에너지를 소모하여 근육에 피로가 쌓입니다. 이처럼 힘이 한 일은 에너지로 변화됩니다.

높은 곳에 있던 해머가 중력에 의해 아래로 떨어지면 중력이 해머에게 일을 해 준 셈이 됩니다. 중력이 한 일은 해머를 가속시켜 에너지의 한 종류인 **운동 에너지**★로 바뀌게 됩니다. 물리학에서 운동 에너지는 물체의 질량에 속도의 제곱을 곱한 값의 절반과 같습니다. 따라서 물체가 빠르게 움직일수록 물체의 운동 에너지는 더욱 커집니다. 운동 에너지를 가진 해머가 강철 빔과 충돌한 후 정지하면 해머의 운동 에너지가 강철 빔에게 해 준 일로 바뀌게 됩니다. 다시 말해 강철 빔이 힘을 받아 아래로 이동하므로 이때

★ **운동 에너지** 물체가 힘에 의해 가속될 때 힘이 해 준 일이 물체의 운동 에너지로 바뀐다. 운동 에너지는 물체의 질량에 속도의 제곱을 곱한 값의 절반과 같다.

의 일은 해머가 제공한 것입니다. 중력이 해머에게 해 준 일이 해머의 운동 에너지로 바뀌고, 해머의 운동 에너지가 다시 강철 빔에게 해 준 일로 바뀌는 마법 같은 일이 일어납니다. 이처럼 일은 에너지로, 에너지는 다시 일로 바뀔 수 있습니다.

해머가 강철 빔과 충돌할 때 나오는 열이나 소음도 에너지의 한 종류입니다. 따라서 충돌할 때 해머의 운동 에너지는 동시에 강철 빔의 일과 열에너지와 같은 다른 에너지들로 바뀝니다.

》빨래하는《 에너지

해머의 예에서 보았듯이 에너지는 일로 바뀔 수 있습니다. 강철 빔을 박으려면 일을 해야 하는데 에너지가 그 역할을 합니다. 일상생활에서 에너지가 일을 하는 예는 쉽게 찾아볼 수 있습니다.

전기 에너지를 사용해 사람 대신 세탁기가 빨래 같은 일을 합니다. 왜 현대 사회에서 에너지가 중요한지 이해가 되나요? 에너지가 바로 사람 대신 일을 해 주기 때문입니다.

발전소에서는 전기 에너지를 생산하여 공장과 가정에 공급합니다. 전기 에너지는 어떻게 만들어질까요? 수력 발전소에서는 물을 높은 곳에서 떨어뜨려 얻은 물의 운동 에너지로 발전기에게 일을 해 주어 전기 에너지를 얻습니다. 화력 발전소나 원자력 발전소에서는 기름을 태우거나 원자력에서 나온 열에너지로 물을 끓여 고압의 수증기를 만든 후 수증기의 에너지로 발전기에 일을 해 주어 전기 에너지를 얻습니다. 이처럼 **에너지가 일로, 일이 다시 에너지로 바뀌는 과정**★이 계속해서 일어납니다.

★ **일-에너지 변환** 일은 에너지로, 에너지는 일로 바뀔 수 있다.

33

꼭꼭 숨어 있는 에너지가 있다고?

석유는 아주 소중한 자연 자원이라고 이야기합니다. 왜 그럴까요? 정말 석유 없이는 살 수 없을까요? 불행히도 우리나라에 석유는 없지만 산이 많아 돌은 엄청나게 많습니다. 돌이 석유만큼 귀중한 자원이라면 다들 우리나라를 부러워하겠지요. 왜 돌은 석유에 비해 가치가 형편없이 낮을까요?

석유를 돌보다 훨씬 귀하게 여기는 이유는 석유는 눈에 보이지 않는 숨겨진 에너지를 가지고 있기 때문입니다. 숨겨진 에너지를 쓸모 있는 일로 바꾸려면 태우면 됩니다. 자동차는 석유, 더 정확히는 석유를 정제하여 얻은 휘발유나 경유를 태워 나온 에너지를 일로 바꿔 굴러갑니다.

석유가 가진 에너지처럼 자연에는 숨겨진 에너지가 많습니다. 높은 곳에 있는 물도 숨겨진 에너지를 가지고 있습니다. 이 물을 떨어뜨리면 물의 숨겨진 에너지가 발전기의 터빈을 회전시키는 일로 바뀌고, 이 일이 전기 에너지를 만듭니다. 용수철에 매단 물체를 잡아당겼다가 놓으면 물체가 가속되어 운동 에너지를 가집니다. 물체의 운동 에너지는 잡아당긴 용수철에 숨겨진 에너지로부터 나온 것입니다.

이처럼 겉으로 드러나지 않지만 자연에 숨어 있는 에너지를 **퍼텐셜 에너지***라고 말하며 흔히 위치 에너지라고 부릅니다. 앞서 물과 용수철의 예에서 보았듯이 물이 있는 위치나 용수철의 당겨진 위치와 관련이 있기 때문입니다. 퍼텐셜 에너지도 운동 에너지처럼 에너지의 한 종류입니다.

★ **퍼텐셜 에너지** 흔히 위치 에너지라고 부른다. 겉으로 드러나지 않은 숨은 에너지를 말하는데, 이 에너지도 운동 에너지처럼 쓸모 있는 일로 바뀔 수 있다.

» 퍼텐셜 에너지는 «
자유롭고 싶어

석유는 태워야 숨은 에너지를 끄집어낼 수 있듯이 퍼텐셜 에너지는 물체를 자유롭게 해 주면 끄집어낼 수 있습니다. 높은 곳에 가둔 물을 떨어지도록 놔두면 퍼텐셜 에너지가 일로 바뀝니다. 마찬가지로 당긴 용수철을 놓으면 퍼텐셜 에너지가 일로 바뀝니다. 석유의 경우 에너지를 끄집어내는 방법이 태우는 화학적 방법이라 석유에 숨은 에너지는 퍼텐셜 에너지라고 하지 않고 화학 에너지라고 부릅니다.

왜 높은 곳에 있는 물의 퍼텐셜 에너지가 낮은 곳에 있는 물의 퍼텐셜 에너지보다 클까요? 또 왜 당긴 용수철의 퍼텐셜 에너지가 당기지 않은 용수철의 퍼텐셜 에너지보다 클까요? 이유는 퍼텐셜 에너지를 바꾸기 위해 해 준 일과 관련이 있습니다. 물을 높은 곳으로 올리려면 누군가 물을 들어 올리는 일을 해 주어야 합니다. 이 일이 퍼텐셜 에너지의 증가로 이어져 높은 곳에 있는 물의 퍼텐셜 에너지가 커집니다. 용수철도 동일합니다. 용수철이 늘어나려면 역시 누군가 용수철을 당기는 일을 해 주어야 합니다. 이 일로 인해 용수철의 퍼텐셜 에너지가 증가합니다. 이해가 되나요? 숨어 있는 에너지인 퍼텐셜 에너지나 석유의 화학 에너지 모두 자연이 우리 몰래 해 준 일 때문에 만들어진 것입니다. 따라서 숨은 에너지를 사용할 때마다 자연에 감사해야 하고 소중히 다뤄야 합니다.

》 돌덩이라고 《 무시하지 말아 줘

이제 석유가 왜 귀한 대접을 받는지 알겠지요? 그런데 돌은 건축 자재로 사용되는 것 외에 쓸모 있는 숨은 에너지는 전혀 가지고 있지 않을까요? 아닙니다. 돌에도 엄청난 에너지가 숨겨져 있습니다. 1905년 물리학자 아인슈타인이 상대성 이론을 발표합니다. 이 이론에는 $E=mc^2$이란 공식이 등장합니다. E는 에너지, m은 물체의 질량, c는 광속입니다. 다시 말해 질량 m인 물체는 질량에 광속 제곱을 곱한 만큼의 에너지를 가지고 있다는 것입니다. 그런데 광속이 어마어마하게 큰 값이기 때문에 아무리 작은 질량을 가진 물체라도 이 물체가 가진 에너지는 엄청나게 커집니다. 100kg의 돌덩이 하나만 있으면 우리나라가 1년 동안 쓰고도 남을 에너

지를 얻을 수 있습니다. 상대성 이론의 주장대로라면 우리나라는 세계에서 손꼽히는 에너지 강국이라 할 수 있습니다. 그런데 무엇이 문제일까요?

앞서 석유의 예에서 보았듯이 숨은 에너지를 쓸모 있는 일로 바꾸려면 태우거나 하는 어떤 방법이 필요합니다. 돌 속에 숨은 에너지를 얻으려면 어떤 방법이 있을까요? 아직까지 그 방법을 찾지 못했다는 것이 문제입니다. 보석을 눈앞에 두고도 다듬을 줄 몰라 보석의 가치를 살리지 못하는 것과 같습니다. 질량 속에 숨은 에너지에 대해서는 뒤에서 더 살펴보겠습니다.

34

기계에서 나는 열은 쓸 데가 없다고?

E=mc²

냉장고 문 위쪽을 보면 동그란 스티커가 붙어 있습니다. 에너지 소비 효율 등급을 표시하는 라벨이지요. 집에서 사용하는 세탁기, 냉장고, 텔레비전 같은 가전제품에는 이 라벨이 부착되어 있습니다. 1등급부터 5등급까지 나뉘어 있는데, 1등급 제품이 좋다고 하지요. 에너지 소비 효율 등급은 무엇을 나타낸 걸까요?

냉장고, 에어컨, 난방기, 전기밥솥, 스마트폰, 자동차 등 모든 기기는 정상적으로 작동하기 위해 에너지를 필요로 합니다. 가정용 전원에 플러그를 꽂아 사용하는 기기들은 예외 없이 전기 에너지를 사용합니다. 하지만 꼭 전기 에너지만 사용할 필요는 없습니다. 일반 자동차는 휘발유나 경유를 태워 얻은 화학 에너지로 움직입니다. 전기밥솥이 없는 곳에서는 가마솥에 불을 때서 밥을 짓습니다. 이때 불이 밥솥의 에너지가 됩니다. 더 정확히는 장작을 땔 때 발생하는 열에너지가 밥을 짓는 에너지가 됩니다.

》 공중으로 사라져 버리는 《 열에너지

기기에 공급된 전기 에너지, 열에너지 같은 에너지는 기기가 해주기를 기대하는 일, 예를 들면 음식물을 냉동하거나 문자를 받거나 사람을 실어 나르는 일을 하도록 만들기 때문에 쓸모 있는 에너지라고 부릅니다.

기기는 쓸모 있는 에너지를 받아 우리에게 쓸모 있는 일을 하지만 한편으로 일을 하기 때문에 기기가 뜨거워집니다. 선풍기를 한참 돌리면 모터 있는 부분이 뜨거워지는 걸 본 적 있지요? 운행 중인 자동차도 엔진에서 상당한 열이 바깥으로 방출됩니다.

이처럼 기기가 일을 하는 과정에서 기기 본체가 뜨거워져 방출하는 열을 다른 곳에 활용하기 위해 모으는 것은 거의 불가능합니다. 같은 열에너지라도 밥솥에 전달한 쓸모 있는 열에너지와 달

리 기기가 달궈져 방출하는 열에너지는 쓸모없는 에너지입니다. 여러 에너지 가운데 유독 열에너지만 다른 에너지로 쉽게 바뀌지 않고 공중으로 사라지기 때문에 쓸모가 없습니다.

지금까지 이야기한 것을 정리해 봅시다. 기기가 우리가 필요로 하는 일을 하도록 하기 위해서는 에너지를 주어야 합니다. 공급한 에너지는 기기가 일을 하게 하지만 한편으로는 쓸모없는 열에너지로 빠져나갑니다. 냉장고에 붙은 에너지 소비 효율 등급 라벨은 공급한 에너지를 얼마나 잘 활용해 일로 바꾸는지를 알려 주는 표시입니다. 등급 숫자가 낮을수록, 즉 1에 가까울수록 공급한 에너지로부터 더 많은 일을 얻어 내고 반대로 쓸모없는 열에너지로 빠져나가지 못하게 합니다. 그러므로 전자 기기를 살 때는 반드시 에너지 소비 효율 등급이 낮은 것을 사야 하겠지요? **에너지 효율**★은 공급한 에너지의 몇 %를 기기가 일로 바꾸는지 알려 주는 값입니다. 당연히 에너지 효율 값이 클수록 에너지 소비 등급이 낮겠지요.

» 에너지 효율이 100%인 기기를 만들면 좋을 텐데 «

기기를 만들 때 쓸모없는 열이 발생하지 않도록 잘 설계해 만들면 공급한 에너지를 100% 일로 바꿀 수 있는, 즉 에너지 효율이 100%인 이상적인 기기를 만들 수 있지 않을까요? 그렇게 된다면 에너지를 전혀 낭비하지 않게 되겠지요. 아쉽게도 자연은 그런 일이 일어나는 것을 허용하지 않습니다. 현재 자동차의 경우 쓸모 있는 에너지를 활용하는 정도가 50%를 넘지 못합니다. 아까운 석유의 에너지가 절반 이상 낭비되고 있습니다.

왜 자연은 에너지를 100% 활용하는 것을 막는 것일까요? 기기가 일을 하다 보면 마찰, 접촉, 충돌 등에 의해 열이 발생할 수밖에 없습니다. 그리고 발생한 열에너지는 회수가 어려워 이용되지 못하고 사라지기 때문에 공급한 에너지가 100% 기기가 하는 일

★ **에너지 효율** 기기가 한 일을 기기에 공급한 에너지로 나눈 값을 말하며, 100% 효율을 가진 기기는 없다.

로 바뀌지 않습니다.

지금 우리가 사용하는 기기들의 에너지 효율은 그리 높지 않습니다. 기기의 재료를 개량한다든지, 디자인을 바꾼다든지 하면 지금보다 높은 에너지 효율을 갖도록 만들 수 있습니다. 하지만 자연이 허용하지 않기 때문에 100%의 효율을 가진 기기는 만들 수 없습니다.

35

에어컨으로 난방을 할 수 있다고?

한여름에 에어컨이 없다면 얼마나 괴로울까요? 에어컨은 방 안의 공기에서 열에너지를 빼앗아 방 안보다 온도가 높은 대기로 배출하는 역할을 합니다. 반대로 난방기는 추운 겨울날 방 안에 열에너지를 공급해 방 안 온도를 높이는 역할을 합니다. 그런데 여름에 사용하는 에어컨으로 겨울에 난방을 할 수 있다고 합니다. 어떻게 그런 일이 가능할까요?

열에너지는 온도가 높은 곳에서 온도가 낮은 곳으로 흐르는 성질을 가지고 있습니다. 미지근한 물에 찬 얼음을 넣으면 물에서 얼음으로 열에너지가 이동해 얼음이 녹고 물의 온도는 낮아집니다. 물속에 뜨거운 쇠공을 넣으면 쇠공이 식으면서 물의 온도가 올라가는 것도 열에너지가 높은 온도의 물체에서 낮은 온도의 물체로 이동하기 때문입니다. 자연에서는 절대로 차가운 물체에서 뜨거운 물체로 열에너지가 이동할 수 없습니다.

» 열에너지를 « 거꾸로 흐르게 한다고?

에어컨은 자연스러운 열에너지의 흐름과는 반대로 열에너지가 이동하게 만듭니다. 즉 온도가 낮은 방 안에서 열에너지를 빼앗아 온도가 높은 바깥으로 열에너지를 이동시킵니다. 에어컨은 전기 에너지의 도움으로 이런 일을 합니다. 에어컨에는 전기 에너지로 작동하는 **열펌프**★가 들어 있는데, 이 열펌프가 자연적인 열에너지의 흐름과는 반대로 에너지가 흐를 수 있게 해 줍니다. 냉장고에도 열펌프가 사용됩니다. 냉장고 안의 온도를 낮추려면 열에너지의 흐름을 자연적인 흐름과 반대가 되게 해야 하기 때문입니다.

★ **열펌프** 높은 온도에서 낮은 온도로 열에너지가 전달되는 자연적인 흐름과는 반대로, 낮은 온도에서 높은 온도로 강제적으로 열에너지가 흐를 수 있게 해 주는 장치. 에어컨이나 냉난방기에 필수적인 부품이다.

이제 겨울에 에어컨을 난방기로 어떻게 사용할 수 있는지 알아봅시다. 난방을 하려면 열에너지가 낮은 온도의 바깥으로부터 높은 온도의 방 안으로 이동해야 하므로 자연스러운 열에너지의 흐름과 반대가 됩니다. 에어컨에는 이런 강제적인 열에너지의 흐름을 가능하게 하는 열펌프가 있다고 했죠? 그 덕분에 에어컨을 사용해 난방을 하는 것이 가능합니다. 단, 여름과는 반대로 열에너지를 방출하는 실외기를 방 안에 설치하고 찬 공기를 내뿜는 송풍기를 바깥에 달아야 합니다. 에어컨을 잘 디자인해 여름과 겨울에 실외기와 송풍기의 방향을 반대로 바꿀 수 있게 한다면 여름에는 냉방용으로, 겨울에는 난방용으로 사용할 수 있습니다. 여름에는 냉방을, 겨울에는 난방을 하는 냉난방기가 이미 판매되고 있지요. 냉난방기로 난방을 할 경우 전기 히터에 비해 에너지 효율이 높아서 에너지를 더 절약할 수 있습니다. 전기 히터의 전열선은 열과 함께 빛을 방출하여 에너지를 낭비하기 때문입니다.

<고시생 K의 에어컨 활용법>

》 승용차에서도 《 냉장고를 쓸 수 있대

더위를 피해 해수욕장을 찾아 여행을 떠납니다. 자동차를 타고 가면서 시원한 음료를 마시고 싶은데 스티로폼 박스를 열어 보니 얼려 온 냉동 팩이 다 녹아 음료가 미지근합니다. 이럴 때 냉장고 생각이 간절합니다. 자동차에서 쓸 수 있는 냉장고는 없을까요?

승용차에서는 에어컨이나 냉장고에서 사용하는 부피가 큰 열펌프를 사용할 수 없습니다. 물리학자들은 열펌프와 같은 작용을 하는 대상을 자연에서 찾아냈습니다. 펠티에 장치라고 부르는 작고 납작한 장치에 전류를 흘리면 한쪽 면은 차가워지고 반대쪽 면은 뜨거워지는 현상이 일어납니다. 차가운 면에 물체를 접촉하면 물체가 열에너지를 빼앗겨 온도가 낮아집니다. 펠티에 장치를 사용한 소형 냉장 박스를 자동차 배터리에 연결하면 음식이나 음료를 운전하는 동안 시원하게 유지할 수 있습니다. 또 펠티에 장치에 흐르는 전류의 방향을 반대로 하면 박스 내부로 열에너지가 전달되어 음식이나 음료를 덥힐 수 있어 편리합니다.

펠티에 장치는 전기 에너지를 냉각이나 난방의 일로 바꾸는 에너지 효율이 열펌프에 비해 높아서 대형 냉장고에도 펠티에 장치를 사용하는 방법이 연구되고 있습니다.

7장

현대 물리학이 궁금해

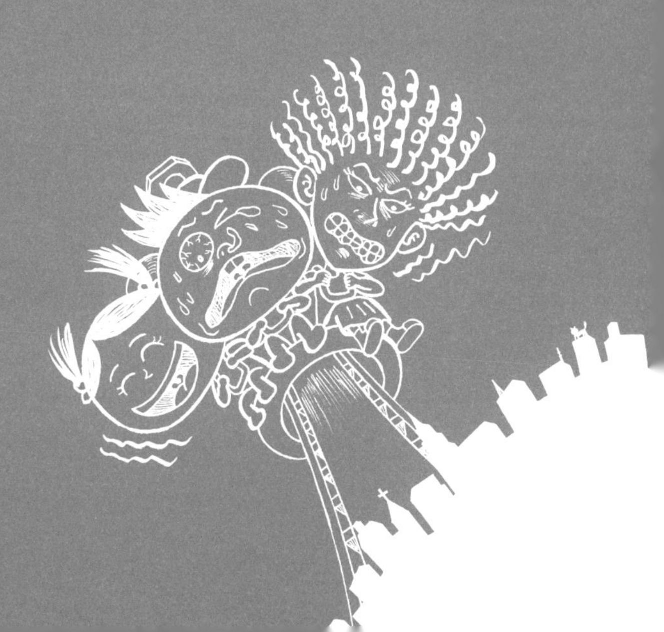

36

원자를 눈으로 볼 수 있다고?

E=mc²

설탕 덩어리가 있습니다. 숟가락으로 가볍게 누르니 작은 설탕 알갱이들로 부서집니다. 이 작은 설탕 알갱이가 무엇으로 이루어져 있는지 궁금해서 숟가락으로 더 세게 누릅니다. 그랬더니 먼지같이 날리는 고운 설탕 가루가 생깁니다. 이렇게 계속하다 보면 설탕이 무엇으로 구성되어 있는지 알 수 있을까요?

세상 만물은 무엇으로 이루어져 있을까요? 자연에 대해 호기심이 많은 사람이라면 당연히 궁금해할 내용입니다. 지금으로부터 2500여 년 전에 살았던 고대 그리스 철학자 데모크리토스도 같은 생각을 했습니다. 데모크리토스는 세상의 모든 물질이 더 이상 쪼갤 수 없는 아주 작은 공으로 구성되어 있다고 믿었습니다. 이것을 원자★라고 불렀는데, 원자라는 단어의 뜻이 '더 이상 쪼갤 수 없다'이기 때문입니다. 하지만 원자는 너무 작아 원자가 존재한다는 증거를 내세울 수가 없어 오랜 기간 사람들에게 잊힙니다.

1800년대 후반 과학자들이 다시 원자에 대해 이야기하기 시작합니다. 원자가 너무 작아 여전히 현미경으로도 관찰하지 못하지만, 기체의 운동을 설명하는 데 원자의 개념을 이용하는 것이 쓸모 있다는 사실을 깨닫습니다. 잘 알고 있듯이 공기가 빠져 쭈글쭈글한 공을 헤어드라이어로 덥혀 주면 공이 빵빵해집니다. 기체가 원자로 구성되어 있다고 가정하면 공의 온도를 높여 주면 왜 공이 빵빵해지는지 쉽게 설명할 수 있습니다. 더운 공기를 공에 불어 주면 공 안의 공기 원자, 정확히는 산소 분자와 질소 분자의 운동 에너지가 증가하면서 공의 안쪽 벽과 세게 충돌해 공의 압력이 증가합니다. 이 압력의 증가로 공이 빵빵해집니다. 하지만 기

★ **원자** 물질을 구성하고 있는 기본 입자. 물질은 원자 또는 원자들의 결합체인 분자로 구성되어 있다.

체가 원자로 구성되어 있다는 간접적인 증거만으로는 여전히 원자의 존재를 믿지 못하는 과학자도 많았습니다.

》원자 안에《 전자가 있대

원자에 대한 좀 더 직접적인 증거는 음극선 실험에서 나오게 됩니다. 음극선 실험은 약간의 기체를 채운 유리관에 전기를 통하게 하면 유리관에서 빛이나 X선이 발생하는 실험을 말합니다. 전지의 음극과 연결된 유리관 속의 전극에서 **전자**★가 튀어나와 유리관 속의 기체와 충돌하여 빛이 발생한다는 것을 나중에 알게 되었습니다. 1897년 영국의 물리학자 톰슨이 음극선 실험을 통해 전자가 음극에서 나온다는 것을 확인합니다. 톰슨이 발견한 전자는 크기가 거의 없고 질량이 아주 가벼우며 음(-)의 전하를 가진 입자로, 처음에는 전자가 어디에서 나오는 것인지 몰랐습니다. 그러다가 전자가 전극을 구성하고 있는 원자로부터 나온다는 것을 알게 됩니다.

전자를 발견한 톰슨은 한 걸음 더 나아가 원자 모형을 최초로 제안합니다. 전자가 원자로부터 나오기 때문에 원자는 전자를 포

★ **전자** 원자를 구성하고 있는 입자 가운데 하나. 음전하를 띠고 있고 질량이 아주 가벼우며, 원자 속에는 전자 외에 양전하를 띤 원자핵이 있다.

함하고 있어야 합니다. 원자는 전기적으로 중성이기 때문에 원자는 동시에 양(+)의 전하를 띠고 있어야 합니다. 그 결과 톰슨은 공 모양의 양전하 덩어리에 전자가 듬성듬성 박혀 있는 원자 모형을 제안합니다. 이 모형의 좋은 점은 수많은 공 모양의 원자들을 차곡차곡 쌓으면 바로 우리가 만지거나 볼 수 있는 물질이 된다는 것입니다. 아직도 많은 사람이 톰슨처럼 원자를 둥근 공으로 생각하고 있습니다. 하지만 원자의 실제 모습은 이보다 복잡합니다.

》 원자핵은 태양이고 《 전자는 지구라고?

톰슨이 원자의 모습을 제안한 이후 20년 정도 흘러 톰슨의 제자인 러더퍼드가 원자의 중심에 핵, 즉 원자핵이 있고 그 주위를 전자가 돌고 있다는 사실을 실험으로 확인합니다. 원자핵은 전자보다 아주 무거워서 원자 질량의 거의 대부분을 차지하는 반면 전자 궤도의 크기에 비해 10만 배나 작습니다. 원자의 모습은 단순한 공 모양이 아닌 미니 태양계의 모습을 가지고 있다는 것이 알려진 것입니다. 태양이 원자핵이라면 지구가 전자인 셈입니다. 원자 대부분의 공간은 비어 있다고 볼 수 있습니다. 그런데 원자가 이렇게 생겼다면 어떻게 원자들을 차곡차곡 쌓을 수 있을지 궁금해지지요?

1900년대에 들어와 물리학에 큰 변화가 일어납니다. 원자 같은 아주 작은 크기의 대상은 야구공 같은 큰 대상과 아주 다른 물리적 특성을 가진다는 사실을 알게 됩니다. 뉴턴의 고전 역학과는 다른 양자 역학만이 원자의 운동과 성질을 제대로 다룰 수 있습니다. 새로 등장한 양자 역학에 의해 원자의 참모습이 밝혀지게 되고 원자는 자신이 가진 에너지에 따라 공 모양에서 아령 모양 등의 다양한 모습을 갖는다는 것을 알게 되었습니다. 원자가 가진 전자들은 인공위성처럼 궤도를 도는 것이 아니고 구름처럼 원자핵 주위를 감싸고 있다는 것도 알게 됩니다.

원자를 눈으로 볼 수 있다면 좋겠지요? 현재 기술로 원자를 볼 수 있을까요? 볼 수 있습니다. 전자 현미경의 발명으로 이제 물질에 원자가 어떻게 배열되어 있는지 볼 수 있습니다. 현대 과학 기술의 발전이 참 대단하지요? 인터넷에 전자 현미경 사진을 검색해 원자들이 어떤 모습을 하고 있는지 확인해 보기 바랍니다.

37

방사능은 해만 끼칠까?

인터넷에서 방사능을 검색해 보면 방사능에 오염된 바다, 방사능의 공포처럼 무시무시한 제목들이 뜹니다. 방사능이 있는 곳 가까이만 가도 사람들이 막 쓰러지는 영화도 나와 있습니다. 노란색의 방사능 표지만 보아도 방사능에 쪼여 곧 죽게 되는 게 아닌가 싶어 가슴이 철렁합니다. 방사능은 정말 엄청 무서운 건가요? 또 방사능이란 무엇인가요?

자동차나 비행기 모두 우리에게 꼭 필요한 운송 수단이지만 잘못 다루면 큰 사고로 이어져 많은 사람이 다치거나 죽을 수 있습니다. 우리가 얼마나 조심해서 다루느냐에 따라 좋은 것이 될 수도 있고 무서운 것이 될 수도 있습니다. 방사능 역시 동일합니다. 방사능이 무엇인지 제대로 알고 조심해서 다루면 우리 생활에 아주 유용하게 사용할 수 있습니다.

우리는 물질을 구성하고 있는 것이 원자라는 것을 알았습니다. 자연에 존재하는 물질의 종류는 무한하지만 원자의 종류는 그리 많지 않습니다. 질량이 가장 가벼운 수소 원자부터 가장 무거운 우라늄 원자까지 92개에 불과합니다. 종류는 달라도 모든 원자는 원자핵과 전자로 구성되어 있습니다. 가장 가벼운 수소 원자는 1개의 전자와 가벼운 원자핵을 가지고 있고, 가장 무거운 우라늄 원자는 92개의 전자와 아주 무거운 원자핵을 가지고 있습니다. 모든 원자의 원자핵은 전자에 비해 아주 무겁고 양(+)전하를 가지고 있습니다.

》 원자핵에는 《 양성자와 중성자가 있어

원자핵이 발견된 후 물리학자들은 실험을 통해 원자핵 속에는 두 종류의 작은 입자가 들어 있다는 사실을 발견합니다. 양전하를 가진 '양성자'와 전하가 없는 '중성자'가 바로 그것입니다. 원자핵 안의 양성자 개수는 원자가 가진 전자의 개수와 같습니다. 원자가 전기적으로 중성이어야 하기 때문입니다. 그럼 원자핵 안의 중성자 개수는 몇 개일까요? 중성자는 전기적으로 중성이므로 원칙적으로 개수의 제한이 없습니다. 하지만 중성자가 많을수록 원자핵의 크기가 커져 부담스럽기 때문에 중성자의 개수 역시 무한정 늘 수는 없습니다.

예를 들어 수소 원자의 원자핵은 양성자 1개만 있는 것, 양성자 1개와 중성자 1개가 같이 있는 것, 양성자 1개와 중성자 2개가 같이 있는 것의 세 종류가 있습니다. 수소, 중수소, 삼중 수소라고 부릅니다. 우라늄 원자핵의 경우 양성자 개수는 92이지만 중성자 개수는 139부터 147까지 다양하고 개수도 훨씬 많습니다. 우라늄 원자핵 속에는 중성자가 왜 이렇게 많은 것일까요? 바로 양성자와 양성자 사이의 엄청난 전기적 반발력 때문입니다. 중성자는 양성자들이 서로 떨어져 나가지 않도록 묶어 두는 끈끈이 풀 역할을 합니다.

원자핵 속에서 중성자가 끈끈이 풀이 되지만 때때로 끈끈이 풀이 약해지면 원자핵이 스스로 깨집니다. 이때 밖으로 양성자와 중성자 덩어리(알파선), 전자(베타선), 에너지(감마선)를 방출하는데 이것이 방사선입니다. 모든 원자핵이 다 방사선을 내놓는 것은 아니고 특정한 개수의 중성자가 들어 있는 원자핵만 방사선을 방출합니다. 예를 들면 수소 원자의 경우 양성자 1개와 중성자 2개로 구성된 원자핵을 가진 삼중 수소만 방사선을 방출합니다. 우라늄 원자의 거의 대부분을 차지하는 우라늄-238(원자핵 속에 양성자 92

개, 중성자 146개, 합계 238개가 들어 있어 붙여진 이름)이 방사선을 방출합니다. 이처럼 원자가 방사선을 방출하는 능력을 **방사능**★이라고 부르는데 보통 방사선과 방사능을 동일한 뜻으로 사용하고 있습니다.

》문제는《 감마선이야

방사능을 무섭다고 생각하는 이유는 방사선 때문입니다. 또 방사선이 눈에 보이지 않기 때문이기도 합니다. 귀신처럼 눈에 보이지 않는 게 더 무섭지요. 방사선으로부터 피해를 입지 않으려면 햇빛을 가리듯이 방사선을 막아 주면 됩니다. 방사선 가운데 알파선과 베타선은 물질을 투과하는 능력이 크지 않습니다. 얇은 금속판 정도로도 막을 수 있습니다.

문제는 감마선인데 감마선은 병원에서 사용하는 X선과 물리적으로 동일한 것입니다. X선 촬영을 할 때 촬영 기사들은 납으로 된 옷을 입거나 X선을 막아 주는 벽 뒤에 서서 혹시 모를 사고를 대비합니다. 감마선이 X선보다 투과력은 크지만, 방사능 물질이 있는 곳에 오래 머무르지 않거나 멀리 떨어지면 피해를 막을 수

★ **방사능** 방사선을 배출하는 능력. 같은 원자라도 특정한 원자핵을 가진 원자만이 방사선을 방출한다.

있습니다. 우리가 잘 알지 못하는 사실 가운데 하나가 우리 몸은 지구와 우주로부터 나오는 일정한 양의 자연 방사선에 항상 노출되어 있다는 점입니다. 따라서 너무 많은 양의 방사선에 계속해서 노출되지만 않는다면 건강에 문제될 것이 없습니다.

방사선이 가진 장점은 없을까요? 코발트 원자핵에서 방출되는 감마선은 오래전부터 암 치료에 활용되어 왔습니다. 건물의 시멘트나 철골에 금이 갔는지 알려면 방사선을 이용하는 비파괴 검사 장비를 사용합니다. 오래된 유물의 연대를 밝히는 데도 방사선이 활용됩니다. 화재가 발생했을 때 연기를 감지해 경보음을 내는 연기 탐지기에 방사선을 사용하기도 합니다. 이처럼 방사능은 장점과 단점 양면을 모두 가지고 있습니다. 우리가 어떻게 활용하느냐에 따라 문명의 이기가 될 수도, 흉기가 될 수도 있습니다.

38

태양은 어떻게 엄청난 에너지를 만들까?

E=mc²

태양이 하루 동안 지구에 공급하는 에너지를 모으면 얼마나 될까요? 지구 전체 인류가 20년 이상 사용하고도 남을 에너지의 양이 됩니다. 태양이 공급하는 에너지만 잘 활용하더라도 인류는 에너지 걱정 없이 잘 살 수 있습니다. 태양은 어떻게 이런 엄청난 에너지를 생산하는 걸까요?

태양은 수소 원자를 태워서 에너지를 거의 대부분 얻습니다. 이처럼 간단한 방법을 사용해 에너지를 얻는다는 것이 신기하지요? 우리도 태양처럼 수소를 사용해 에너지를 얻을 수 있다면 얼마나 좋을까요? 그런데 수소를 태우면 왜 에너지가 나올까요?

태양 에너지가 왜 생기는지를 설명하려면 세계에서 가장 위대한 과학자 아인슈타인의 이야기를 해야 합니다. 스위스의 특허 사무국에 겨우 취직한 스물여섯 살의 아인슈타인이 1905년 특수 상대성 이론을 논문으로 발표합니다. 상대성 이론을 통해 아인슈타인은 시간이 운동 상태에 따라 느려질 수 있으며 질량도 에너지의 한 종류라는 **질량-에너지 등가 원리**★를 주장합니다. 아인슈타인은 우리가 아주 빠른 속도로 달리는 우주선을 타고 가면 우주선에 탄 사람의 시간은 지구에 남은 사람들의 시간보다 훨씬 느리게 간다는 믿기 힘든 주장을 합니다. 또 물체의 질량을 에너지로 바꿀 수 있으며, 아주 작은 양의 질량으로도 엄청난 에너지를 얻을 수 있다는 역시 믿기 힘든 주장을 합니다. 이런 아인슈타인의 주장은 일반인들에게는 물론 물리학자들에게도 너무 황당하게 들렸고 실험으로 증명할 수도 없어 아인슈타인은 상대성 이론을 발견한 공로로는 노벨상을 수상하지 못합니다. 그 대신 이보다 훨씬 못한 이론으로 노벨상을 받습니다.

★ **질량-에너지 등가 원리** 아인슈타인이 발견한 원리로 질량에는 엄청난 에너지가 숨겨져 있으며, 핵분열과 핵융합을 통해 질량이 줄어들면서 엄청난 에너지가 발생한다.

》 세상에서 가장 유명한 《 과학 공식

질량-에너지 등가 원리는 보통 $E=mc^2$으로 표시합니다. 역사상 가장 유명한 과학 공식으로, 심지어는 한때 이 공식이 적힌 티셔츠가 세계적으로 유행한 적도 있습니다. 공식에서 m은 질량, c는 광속을 말합니다. 물체의 질량이 작더라도 광속이 아주 크고 더욱이 광속의 제곱을 곱하기 때문에 질량이 가진 에너지, 즉 질량 에너지는 엄청나게 큽니다. 질량이 150g 정도인 야구공이 가진 에너지를 공식에 따라 계산해 보면 야구공 1,000개 정도로도 우리나라가 1년 동안 사용하는 에너지를 공급할 수 있습니다. 우리나

라는 산이 많아서 엄청난 양의 돌이 있지요. 이런 돌이 가진 에너지를 사용할 수 있다면 에너지 걱정을 할 필요가 없을 텐데 왜 매년 엄청난 돈을 들여 석유와 천연가스를 수입하고 있을까요?

문제는 질량 에너지가 숨은 에너지라는 것입니다. 석유에 숨은 에너지를 끄집어내 쓸모 있는 일로 바꾸려면 자동차 엔진에서 태워야 합니다. 그러면 석유가 엔진에서 배기가스로 분해되면서 에너지가 나와 자동차를 전진시킵니다. 숨어 있는 질량 에너지를 끄집어내려면 질량이 에너지로 변환되어야 하는데 자연이 좀처럼 이것을 허락하지 않습니다. 물체를 부수거나 태워도 질량이 변하지 않아 질량 에너지가 일로 바뀌지 않습니다. 자연이 지금까지 우리에게 허용한 방법은 두 가지뿐입니다. 하나는 '핵분열'이고 다른 하나는 '핵융합'입니다.

》 질량이 사라지면서 《
에너지를 남긴대

원자력 발전과 원자 폭탄의 원리인 핵분열은 특정한 원자핵에 강제로 중성자를 쏘아 충돌시키면 원자핵이 가벼운 원자핵들로 쪼개지며 중성자가 튀어나오는 현상을 말합니다. 이때 충돌 전 원자핵 질량과 중성자의 질량을 합한 질량과, 충돌 후 생긴 원자핵들의 질량과 튀어나온 중성자의 질량을 합한 질량을 비교하면 충돌 전의 질량이 큽니다. 핵분열 과정에서 충돌을 하면서 아주 작은 양의 질량이 사라지고 이 질량에 해당하는 만큼의 에너지가 발생하게 됩니다. 최초의 핵분열은 우라늄-235에 중성자를 충돌시켜 확인이 되었습니다. 우라늄 원자 한 개에서 생산되는 질량 에너지는 작지만 우라늄 1g 속에는 1조 곱하기 10억 개 이상의 우라늄 원자가 들어 있기 때문에 우라늄 덩어리에서 발생하는 에너지는 어마어마합니다.

핵융합은 태양이 에너지를 만드는 원리입니다. 태양은 거대한 수소 덩어리입니다. 수소 원자 두 개가 결합해 무거운 헬륨 원자로 바뀌는 핵융합이 일어납니다. 이때 수소 원자 두 개 질량의 아주 작은 양이 핵융합을 일으키며 사라져 에너지로 변환됩니다. 먼 미래에 거대한 태양도 수소를 모두 소비하면 더 이상 빛을 내지 못하고 별로서의 일생을 마감하게 됩니다.

지구에도 수소가 많이 있습니다. 특히 물에 어마어마한 양의 수소가 들어 있습니다. 태양처럼 지구에서도 수소를 핵융합시켜 에너지를 얻을 수는 없을까요? 문제는 핵융합을 일으키려면 태양과 같은 고온과 고압의 조건을 만들어 주어야 하는데 아직 그런 기술 수준에 도달하지 못했습니다. 하지만 머지않은 미래에 작은 인공 태양이 만들어져 에너지 걱정 없이 사는 날이 오리라 기대합니다.

39

태양광을 어떻게 전기 에너지로 바꿀까?

전 세계 에너지의 80%는 석유, 석탄, 천연가스와 같은 화석 연료에서 나옵니다. 화석 연료를 태울 때 발생하는 온실가스는 지구 온난화의 주범입니다. 지구 환경을 보호하기 위해 화석 연료 사용을 줄이고 태양광, 조력, 풍력 등을 통해 에너지를 얻고자 여러 나라들이 노력하고 있습니다. 특히 태양 전지가 각광을 받고 있습니다. 태양 전지는 어떻게 태양광을 전기 에너지로 바꾸나요?

태양 전지★는 원래 무거운 발전기를 실을 수 없는 우주선이나 인공위성에 전기를 공급하기 위해 개발되었습니다. 대기권 밖에서는 대기에 의해 태양광이 흡수되지 않기 때문에 지구 표면에서보다 태양광 에너지를 더 많이 이용할 수 있습니다. 따라서 우주선이나 인공위성에 전기를 공급하는 데 태양광 에너지를 전기 에너지로 바꾸어 주는 태양 전지를 사용합니다. 우주선이나 인공위성이 우주 궤도에 도달하면 거대한 태양 전지 판을 우주 공간에 펼치는 모습을 사진이나 동영상에서 쉽게 찾아볼 수 있습니다. 태양 전지 판에 비친 태양광이 전기 에너지를 생산하면 이를 저장하여 우주선이나 인공위성의 전자 기기들이 필요로 할 때 전기를 공급하게 됩니다.

》 전자가 빠져나간 자리는 《
양전하를 갖게 돼

태양 전지 판의 재료로는 주로 **반도체**★★가 사용됩니다. 반도체에 태양광을 쪼이면 태양광 에너지가 원자 속 전자에 전달되어 전자가 원자로부터 떨어져 나옵니다. 이런 전자는 원자에 붙잡혀 있지

★ **태양 전지** 태양광 에너지를 전기 에너지로 바꿔 주는 장치. 주로 반도체 재료를 사용하여 제작한다.

★★ **반도체** 태양광을 비추면 태양광 에너지에 의해 원자들에서 전자가 떨어져 나오고 동시에 정공이 만들어진다. 전자와 정공이 전자 기기를 통해 이동하며 전류를 흘려 준다.

않기 때문에 자유로이 움직일 수 있습니다. 원자로부터 전자가 빠져나가게 되면 전자가 있던 곳에 빈자리가 생깁니다. 물리학에서 이런 전자의 빈자리를 정공이라고 부릅니다. 전자는 음(-)전하를 가지고 있으므로 전자의 빈자리인 정공은 양(+)전하를 가진 것처럼 행동합니다.

태양광에 의해 만들어진 전자와 정공은 전하의 부호가 다르

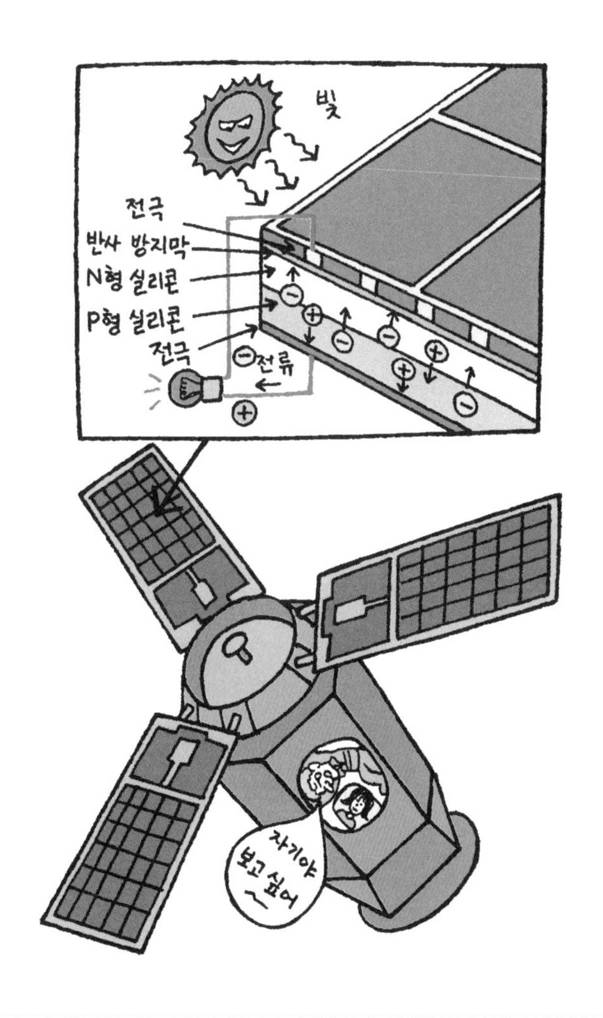

기 때문에 전기력을 가하면 서로 반대 방향으로 이동하여 태양 전지 판의 양쪽에 있는 전극에 모입니다. 이것이 태양광 에너지가 전기 에너지로 바뀌는 과정입니다. 상당히 단순하지요? 이해하기 쉽게 말하자면 정공이 모인 전극이 건전지의 양극에, 전자가 모인 전극은 건전지의 음극에 해당합니다. 이제 두 전극에 전자 기기를 연결하면 태양 전지가 건전지처럼 양극에서 음극으로 전류를 흘리게 됩니다. 태양광을 계속해서 비추면 태양 전지가 계속해서 전자 기기에 전류를 흘려 전자 기기를 작동시킵니다.

태양 전지는 여러 가지 장점을 가지고 있습니다. 태양 전지의 재료인 반도체는 지구에서 흔한 모래에서 얻을 수 있어 만드는 비용을 줄일 수 있습니다. 화석 연료와 달리 태양광은 공짜로 무궁무진하게 쓸 수 있습니다. 필요한 장소에서 필요한 양의 전기 에너지를 얻을 수 있습니다. 전지의 수명도 수십 년으로 상당히 길고 유지 비용도 많이 들지 않습니다. 무엇보다도 온실가스 같은 환경 오염 물질을 배출하지 않는다는 것이 가장 큰 장점이라고 할 수 있지요.

반면 태양 전지의 단점도 있습니다. 태양광의 세기가 변하면 전기 에너지를 생산하는 양도 변합니다. 많은 양의 전기 에너지를 생산하려면 큰 면적을 가진 태양 전지 판을 설치해야 하므로 처음 설치할 때 비용이 많이 듭니다. 게다가 아직까지 태양광 에너지를 전기 에너지로 바꾸는 효율이 다른 에너지를 생산하는 것에 비해 높지 않습니다.

》우리나라가 만든《
태양 전지가 세계 최고

우리나라 에너지 소비량이 세계에서 8위라는 사실을 알고 있나요? 물론 세계 1위와 2위는 중국과 미국으로, 세계 에너지 소비량의 절반 이상을 차지합니다. 우리나라도 규모에 비해 상당히 많은 에너지를 소비하고 있는데, 전체 전기 에너지 생산량의 3% 정도만 태양광에서 얻고 있습니다. 최근 미세 먼지가 심각한 사회 문제가 되고 있는 만큼 태양광 에너지의 활용 비율을 늘리는 것이 시급합니다. 다행히도 우리나라는 태양 전지를 생산하는 능력이 세계 최고 수준에 있어, 더 많은 관심과 노력을 기울이면 태양광 에너지 사용을 늘리는 날을 앞당길 수 있으리라 예상합니다.

태양 전지가 우리 주변에서 어떻게 사용되고 있는지 알고 있나요? 지방의 도로를 지나다니다가 평평한 땅에 네모난 검은 판들이 약간 경사진 각도로 줄줄이 서 있는 것을 본 적 있지요? 그게 바로 태양 전지 판입니다. 여기서 생산된 전기 에너지는 우선 주변 지역에서 사용합니다. 그러고도 남는 전기 에너지는 전력 회사에 판매합니다. 시계나 계산기의 전지로도 태양 전지가 사용됩니다. 태양 전지가 붙어 있는 전자 기기들은 건전지를 갈지 않아도 되기 때문에 편리합니다. 해가 떨어지면 자동으로 불이 들어오는 가로등에도 태양 전지가 사용됩니다. 주변을 둘러보면 태양 전지가 상당히 여러 곳에 사용되는 것을 알 수 있습니다.

40

우주선이 타임머신이 되려면?

E=mc²

영국의 소설가 웰스가 쓴 『타임머신』에서 시간 여행이 최초로 등장합니다. 과거와 미래로 자유롭게 시간 여행을 떠나게 해 주는 타임머신이 웰스의 소설에서는 의자처럼 생겼지만, 영화 〈백 투 더 퓨처〉에서는 날아다니는 자동차로 나옵니다. 이런 타임머신을 타고 과거나 미래로 간다면 얼마나 신이 날까요? 그런데 이런 타임머신은 상상에서나 가능한 것 아닌가요?

옛날 사람들은 자동차를 타고 먼 거리를 이동하거나 비행기를 타고 하늘을 날 거라고 생각하지 못했습니다. 하지만 인간이 가진 무한한 능력은 상상을 현실로 바꾸어, 오늘날 자동차나 비행기는 없어서는 안 될 물건이 되었습니다. 이제 우리는 타임머신을 상상합니다. 인간의 노력으로 언젠가 타임머신이 만들어지는 날이 오리라 믿습니다.

오래전부터 타임머신을 상상한 과학자들은 시간 여행이 과학적으로 가능한지 따져 보았습니다. 1905년 청년 물리학자 아인슈타인은 특수 **상대성 이론**★을 발표합니다. 아인슈타인은 시간의 흐름이 누구에게나 동일하다는 상식과 달리, 빠르게 이동하는 사람에게는 시간이 느리게 간다는 것을 밝혔습니다. 시간이 우리의 운동 상태에 따라 달라진다는 의미입니다.

현재 우주선의 속도는 음속의 3배 정도로, 달까지 가는 데는 4일 정도, 화성까지 가는 데는 3년 정도 걸립니다. 태양계의 중간쯤에 있는 화성을 왕복하는 데만도 6년 이상이 걸리니 아직 우주 여행은 먼 미래의 일처럼 생각됩니다.

★ **상대성 이론** 아인슈타인이 발견한 물리학 이론으로 특수 상대성 이론과 일반 상대성 이론이 있다. 상대성 이론은 시간, 거리, 속도, 에너지에 대한 우리의 상식이 틀렸음을 일깨워 주었다.

》광속 우주선으로《 순간 이동을

인구가 늘고 산업이 발달하면서 지구 환경 오염이 심각합니다. 미래에는 지구를 떠나 물과 공기가 있고 기후가 온화한 외계 행성으로 떠나야 할지도 모릅니다. 최근 지구로부터 39광년 떨어진 곳에서 지구와 유사한 외계 행성을 발견했다는 보도가 있었습니다. 광속으로 달려도 39년이 걸리는 먼 거리에 행성이 있다는 말입니다. 지금의 우주선 기술로는 몇만 년이 걸려도 이 외계 행성에 도착할 수가 없습니다. 다행히도 아인슈타인의 특수 상대성 이론이 우리에게 약간의 희망을 줍니다. 만약 광속의 80% 속도로 날아가는 우주선을 개발한다면 지구에서 이 외계 행성에 29년이면 닿을 수 있습니다.

아인슈타인의 특수 상대성 이론에 의하면 우주선의 속도가 광속에 가까우면 가까울수록 시간이 점점 더 느리게 흐릅니다. 이런 시간의 성질을 이용하면 손쉽게 미래로 갈 수 있습니다. 먼저 광속으로 이동하는 우주선을 개발합니다. 그리고 친구와 작별 인사를 한 뒤 우주선에 오릅니다. 이제 우주선을 타고 지구를 떠나 몇십 광년 떨어진 별에 갔다가 돌아옵니다. 우주선 안에서는 시간이 지구에서보다 느리게 가기 때문에 다시 지구로 돌아왔을 때 나는 여전히 젊지만, 지구에 남은 친구의 시간은 빨리 흘러 친구가 많이 늙어 있습니다. 지구는 내가 떠났을 때보다 먼 미래에 있는 셈이지요. 따라서 광속에 가까운 속도로 움직이는 우주선이 바로

광속 우주선 타고 수학여행 가는 날

광속 우주선 타고 수학여행 갔다가 집에 온 날

미래로 가는 타임머신입니다.

이처럼 미래의 세상이 어떤지 보는 것도 흥미롭지만 사람들은 미래보다는 과거로의 시간 여행에 더 큰 매력을 느낍니다. 시험을 엉망으로 보고 난 저녁, 타임머신을 타고 아침으로 돌아가 다시 시험을 치를 수 있다면 얼마나 좋을까요? 갑자기 일어난 지진 때문에 많은 피해가 생깁니다. 타임머신을 타고 지진 이전으로 되돌아가 지진이 올 것이라는 사실을 알리고 미리 대비를 하여 피해를 막을 수 있다면 좋겠지요. 이런 일이 가능할까요?

》과거로 가게 해 주는《 블랙홀

특수 상대성 이론을 발표하고 10년 뒤, 아인슈타인은 일반 상대성 이론을 발표합니다. 중력이 아주 강한 무거운 별 주위에서는 빛도 휘어지고 시간의 흐름도 달라집니다. 특히 빛을 포함해 모든 것을 빨아들여 검다는 뜻을 가지게 된 별인 블랙홀 주변에서는 엄청난 시간 변화가 일어납니다. 영화 〈인터스텔라〉는 이런 상황을 잘 보여 줍니다. 최근 물리학자들은 블랙홀 같은 중력이 아주 강한 곳을 통과할 때 과거로 갈 수 있는 가능성이 있다는 것을 발견하였습니다. 과거로의 시간 여행을 가능하게 해 주는 타임머신 역시 우주선입니다. 빠르고 강한 우주선을 타고 우주여행을 하다 보면 미래와 과거로 오가는 이상하고 기묘한 시간 여행을 경험할지 모릅니다.

타임머신이 있어 과거나 미래로 자유로이 시간 여행을 할 수 있다면 아주 이상한 일들이 생길 수 있습니다. 오늘 1등으로 당첨된 로또 번호를 알고 있는 가난한 사람이 타임머신을 타고 과거로 돌아가 당첨된 번호로 로또를 삽니다. 타임머신을 타고 로또 추첨 하루 전으로 돌아오면 이 사람이 로또 1등에 당첨되어 부자가 됩니다. 그럼 가난한 사람과 부자인 사람이 같은 사람인

기묘한 일이 생기겠지요? 시간 여행으로 이런 혼란이 발생하기 때문에 자연에서 시간 여행은 불가능하다고 주장하는 과학자들도 있습니다.

아인슈타인의 시간 여행

시간 여행은 가능할까요? 그럼 시간 여행이 가능하다면 우리 사회는 어떻게 될까요?
6-3=6

예를 들어 가난한 사람이 로또 1등 번호를 알고
로또 1등
12 17 23 24 42 45
전자 마트 세일
또 꽝이네.

타임머신을 타고 추첨 하루 전으로 가 부자가 됩니다.
지직
지지직

그럼 가난한 나와 부자인 나 2명이 됩니다.
어 너~
어 너,

타임머신 이용 횟수에 따라 내가 수십 명이 될 수도 있습니다.
어,너!
어,너!
어,너!
어,너!
어,너!
어,너!

만약 내가 나를 죽이면 어떻게 될까요?
난 깨진 바가지 들고 다니는 내가 싫어~ 싫다고!
진정해 버리면 되잖아.
철컥~

죄가 될까요? 아마 큰 혼란에 빠질 겁니다.
현상 수배
자기를 죽인 범인을 현상 수배합니다!
※특징※ 전혀 부자 같지 않음.
현상금 오천만 원

그리고 비싸서 아무나 이용할 수도 없을 겁니다.
편안한 시간 여행의 동반자 침대형 타임머신
1회 이용료 ₩12567829022

고장이나 사고는요,
또 빵점이냐?
그래 타임머신을 타고 시험 전날로 가서 백 점 맞으면 되지.

지지직~
히히~ 도착했다.

캬 — 오
까약~ 여기가 어디야 살려 줘~

범죄자의 손에 타임머신이 들어간다면요, 끔찍한 일이 벌어질 수도 있습니다.
6-3=6

나의 이론이 수많은 사람의 목숨을 빼앗는 핵무기가 될 줄은 몰랐으니까요.
ENOLA GAY

중요한 것은 시간 여행이 가능할까가 아니라 시간여행이 가능한 시대를 철저히 대비하는 것입니다. 그것은 바로 여러분 손에 달렸습니다.
3=6

에필로그

과거와 현대의 가장 큰 차이를 꼽으라면 과학의 발전을 들 수 있습니다. 현대에 들어와 인구에서 차지하는 과학자의 비율은 과거에 비해 급격하게 증가한 반면 정치가나 예술가, 의사, 상인의 비율은 줄거나 별로 변하지 않았습니다. 그만큼 과학의 발전을 빼고 현대를 이야기할 수 없습니다. 선진국일수록 과학자가 많고 과학 수준도 높습니다.

과학 하면 특히 물리학을 빼고 이야기할 수 없습니다. 1600년대에 시작된 물리학 연구는 1700년대 들어와 본격적으로 발전하기 시작해 1800년대에 엄청난 업적을 이룩해 냅니다. 물리학은 화학, 지구 과학, 천문학, 생명 과학 같은 인접한 과학 분야를 발전시키는 데 기여를 했고, 또한 우리 생활과 직접적으로 연관된 기계 공학, 전자 공학, 토목 공학 같은 공학 분야의 발전에도 큰 기여를 합니다. 물리학을 공학의 어머니라고 부르는 까닭도 여기에 있습니다.

1900년대에 들어와 우주와 원자의 존재를 알게 되면서 이전의 고전 물리학과는 다른 현대 물리학이 탄생합니다. 천재 물리학자 아인슈타인이 상대성 이론을 발견함으로써 시간과 공간에 관한 우주의 신비를 깨닫게 됩니다. 원자에 관한 물리학인 양자 역학이 발견되어 원자시계, 컴퓨터, 평면 디스플레이와 같이 과거에는 상상도 할 수 없었던 놀랄 만한 장치들이 등장했고, 이런 일들은 앞으로도 계속해서 일어날 것입니다.

》우리에게 꼭 필요한《 과학 기술의 기초가 되는 물리학

물리학의 역사를 보면 시대의 필요에 의해 새로운 물리학 연구가 시작된 사례를 자주 만나게 됩니다. 유럽의 산업 혁명을 촉발한 증기 기관을 발전시키기 위해 열에너지에 대한 물리학이 필요하게 되었습니다. 전기에 대한 물리학 연구 역시 전기가 에너지를 생산한다는 것을 발견하면서 급진전을 이루게 됩니다. 전기에 관한 물리학이 알려진 후 발전기, 발전소, 전신, 전화 등의 기술이 등장하고, 이로 인해 인류의 생활에 큰 발전을 가져오게 되었습니다. 현대에 들어와 원자에 관한 물리학이 등장하면서 원자력의 위력이 알려지게 되었습니다. 원자 폭탄이 발명되어 제2차 세계 대전 때 처음 사용되었고, 원자력의 평화적 이용을 연구하다가 원자력 발전소가 건설되어 지금의 세계 전력 생산의 상당 부분을 담당하고 있습니다. 현재는 원자력을 대체할 태양광 등의 천연 에너지를 양산할 수 있는 기술을 개발하는 데 주력하고 있습니다.

물리학은 앞으로도 사회가 필요로 하는 기술을 만들어 내는 데 큰 기여를 할 것입니다. 물리학을 모르고서는 빠르게 변화하는 현대 기술을 따라잡기 어렵습니다. 여러분이 힘들여 공부한 물리학이 여러분에게 밝은 미래를 가져올 수 있습니다. 시대를 앞서가기 위해서는 물리학과 친해져야 합니다. 물리학을 잘 알면 다른 분야로 나가더라도 큰 도움이 됩니다. 물리학을 전공하고 다른 분야로 나가 성공한 예로 테슬라 전기 자동차로 억만장자가 된 앨런 머스크, 세계적으로 화제가 된 영화 〈터미네이터〉, 〈아바타〉의 감독 제임스 캐머런 등이 있습니다. 이들은 물리학에서 훈련받은 과학적 사고 능력을 사업이나 예술 분야에 적용하여 남들이 생각하지 못한 새로운 분야를 개척할 수 있었습니다.

300년의 역사에서 엄청난 성과를 이룬 물리학은 지금도 발전을 멈추지 않고 있습니다. 따라서 앞으로도 물리학의 중요성은 더욱 커질 것이고, 물리학의 발견이 더 많은 신기술로 나타날 것입니다. 인류는 증기 기관, 전기, 컴퓨터의 발명으로 대표되는 1차, 2차, 3차 산업 혁명을 거쳐 현재 4차 산업 혁명의 시대를 맞이하고 있습니다. 4차 산업 혁명의 주요 기술로는 인공 지능(AI), 로봇, 사물 인터넷, 자율 주행, 3차원 프린팅, 빅데이터, 나노 기술 등을 꼽습니다. 1차, 2차, 3차 산업 혁명과 달리 4차 산업 혁명의 특징은 과학과 기술의 융합입니다. 기술을 개발하고 연구하는 공학과 기술이 필요로 하는 기초 지식을 연구하는 과학이 융합되어 이전에 없었던 새로운 것들을 만들어 내는 것이 바로 4차 산업 혁명입니다.

》 4차 산업 혁명을 대비하려면 《 물리학이 필수

바둑 대결에서 이세돌을 꺾어 세상을 놀라게 한 알파고의 인공 지능만 보더라도 전자 공학, 컴퓨터 공학, 물리학, 생명 과학, 수학, 통계학 등등 공학과 과학이 융합하여 탄생한 것입니다. 모든 동물의 뇌가 신경 세포로 구성되어 있고, 신경 세포가 서로 복잡하게 얽혀 전기 신호를 주고받으며 정보를 전달한다는 사실이 알려지면서 이를 흉내 낸 인공 지능의 아이디어가 등장했습니다. 하지만 당시는 컴퓨터가 없었기 때문에 인공 지능 연구가 불가능했습니다. 컴퓨터가 등장하면서 본격적인 연구가 시작되어 지금은 스스로 배우는 능력을 가진 강력한 인공 지능으로 발전하고 있습니다. 인공 지능이 자동차를 운전하고 의사 대신 환자를 진찰하고 치료하며 우리가 외로울 때 친구가 되어 줄 날이 머지않아 올 것입니다.

물리학과 화학으로부터 출발한 나노 기술도 앞으로 우리의 삶에 큰 변화를 줄 것입니다. 나노미터, 즉 10억 분의 1미터의 크기를 가진 원자나 분자들을 조작하여 새로운 물질이나 구조를 만드는 나노 기술은 다양한 분야에서 활용되고 있습니다. 암세포만 공격해 인체에 부작용을 주지 않는 나노 항암 치료제, 빛의 양에 따라 밝기가 자동으로 변하는 나노 반사 거울, 자동차 배기가스를 획기적으로 줄여 주는 나노 촉매, 천연 섬유보다 우수한 특성을 가진 나노 섬유 등이 개발되어 우리의 삶을 더욱 건강하고 안락하게 만들어 주고 있습니다.

최근 구글, 인텔, IBM에서는 양자 컴퓨터를 개발하고 있습니다. 꿈의 컴퓨터라고 부르는 양자 컴퓨터는 현재의 컴퓨터로 100

년이 걸리는 계산을 단 몇 분이면 끝낼 수 있습니다. 원자에 관한 연구에서 파생된 양자 컴퓨터가 만들어진다면 컴퓨터가 처음 등장했을 때 가져온 변화와는 비교할 수 없을 정도로 큰 사회적 변화를 가져올 것입니다. 이처럼 빠르게 변화하는 4차 산업 혁명 시대를 대비하려면 한 분야의 좁고 깊은 지식보다는 여러 분야의 지식을 빠르게 이해하고 이를 융합해 새로운 것을 창조할 수 있는 능력을 길러야 합니다.

자연의 이치를 폭넓게 배우며, 기술을 이해할 수 있는 능력을 키워 주는 물리학이야말로 4차 산업 혁명 시대가 가장 필요로 하는 학문이라고 할 수 있습니다. 여러분이 물리학을 재미있게 공부해서 양자 컴퓨터도 만들고, 우주로 여행을 갈 수 있는 우주선도 개발하고, 암을 퇴치하는 치료제도 개발해서 아픈 사람 없이 모두가 행복한 세상을 만드는 주인공이 되길 바랍니다. 이 책을 끝까지 읽어 준 모든 분께 감사합니다.

질문하는 과학 03
정전이 되면 자이로드롭은 땅에 떨어질까?

초판 1쇄 발행 2018년 11월 5일
초판 4쇄 발행 2024년 5월 7일

지은이 김영태
그린이 이경석
펴낸이 이수미
편집 김연희
북 디자인 신병근
마케팅 임수진

종이 세종페이퍼 인쇄 두성피엔엘 유통 신영북스

펴낸곳 나무를 심는 사람들
출판신고 2013년 1월 7일 제2013-000004호
주소 서울시 용산구 서빙고로 35, 103동 804호
전화 02-3141-2233 팩스 02-3141-2257
이메일 nasimsabooks@naver.com
블로그 blog.naver.com/nasimsabooks

ISBN 979-11-86361-80-1
979-11-86361-74-0(세트)